普通高等教育农业部“十二五”规划教材

普通高等教育“十二五”规划建设教材

植物生理学实验教程

Zhiwu Shenglixue Shiyan Jiaocheng

第2版

樊金娟　阮燕晔　主编

ZHONGGUONONGYEDAXUE CHUBANSHE

内容简介

本书是普通高等教育农业部“十二五”规划教材。植物生理学实验作为植物生理学课程的重要组成部分在农林学科人才培养中占有重要地位。本书以细胞生理-代谢生理-生长与生殖生理-抗性生理为体系，通过系统介绍研究植物生命活动规律的基本方法和技术，在学生掌握严谨科学实验手段的基础上，设置了综合设计型实验一章，重点培养学生在实践中发现问题、解决问题的创新精神与实践能力。全书内容精炼、编排合理，注重解决农业生产中的实际问题，实验步骤清晰、语言简洁，使读者易于自学和参照实施。本书除可作为大学生实验教材外，也可作为研究生及科研人员和农业技术工作者的参考用书。

图书在版编目(CIP)数据

植物生理学实验教程/樊金娟，阮燕晔主编.—2版.—北京：中国农业大学出版社，2015.6

ISBN 978-7-5655-1205-6

Ⅰ.①植 Ⅱ.①樊… ②阮… Ⅲ.①植物生理学-实验-高等学校-教材 Ⅳ.①Q945-33

中国版本图书馆CIP数据核字(2015)第070422号

书　名　植物生理学实验教程　第2版
作　者　樊金娟　阮燕晔　主编

策划编辑　张秀环　　责任编辑　张秀环
封面设计　郑　川　　责任校对　王晓凤
出版发行　中国农业大学出版社
社　址　北京市海淀区圆明园西路2号　　邮政编码　100193
电　话　发行部 010-62731190，2620　　读者服务部 010-62732336
　　　　编辑部 010-62732617，2618　　出　版　部 010-62733440
网　址　http://www.cau.edu.cn/caup　　e-mail cbsszs@cau.edu.cn
经　销　新华书店
印　刷　涿州市星河印刷有限公司
版　次　2015年12月第2版　　2015年12月第1次印刷
规　格　787×980　16开本　11.5印张　212千字
定　价　28.00元

第2版编审人员

主　　编　樊金娟　阮燕晔

副 主 编　李奕松　刘　新　韩建民　刘　明　朱延姝

编写人员　（以姓氏笔画为序）

王兰兰（沈阳师范大学）
王征宏（河南科技大学）
王海珍（塔里木大学）
刘　明（塔里木大学）
刘　新（青岛农业大学）
朱延姝（沈阳农业大学）
阮燕晔（沈阳农业大学）
李奕松（北京农学院）
邵艳军（河北农业大学）
武志海（吉林农业大学）
崔震海（沈阳农业大学）
韩建民（河北农业大学）
樊金娟（沈阳农业大学）
戴凌燕（黑龙江八一农垦大学）

主　　审　张立军（沈阳农业大学）

第 1 版编审人员

主　　编　张立军　樊金娟

副 主 编　李奕松　阮燕晔

编写人员　（以姓氏笔画为序）

王征宏（河南科技大学）
阮燕晔（沈阳农业大学）
张立军（沈阳农业大学）
李奕松（北京农学院）
武志海（吉林农业大学）
赵方贵（青岛农业大学）
崔震海（沈阳农业大学）
樊金娟（沈阳农业大学）
戴凌燕（黑龙江八一农垦大学）

主　　审　陈凤玉（沈阳农业大学）

第2版前言

本教材自2007年第一版以来，被很多兄弟院校选用，得到了同行的认可。但在使用过程中，发现了一些错误和不足，使用单位也提出了一些很好的建议和改进意见。同时，植物生理学实验作为植物生理学课程的重要组成部分，在农林学科人才培养中占有重要地位，实验教学上更加注重强调培养学生解决问题的创新精神与实践能力，也需要对教材进行不断地调整、充实和更新。所以，在中国农业大学出版社和沈阳农业大学教材科的大力支持下，我们对教材进行了修订。

在章节安排上，本教材仍分为十章，在继续保留第一版植物生理学最实用技术和方法的基础上，为了使本书与理论教材联系更紧密，也更贴近于实践，增加了部分实验内容和基本实验项目。修订后的教材共包括48个实验，70个基本实验项目，综合设计型实验5个，涉及21个基本实验项目，并给出了11个设计型实验的参考题目。

但在编写单位、人员分工和内容上做了一些调整。本书前言由樊金娟执笔；第一章由戴凌燕和武志海编写；第二章由王海珍和刘明编写；第三章由李奕松编写；第四章由樊金娟编写；第五章由刘新编写；第六章由韩建民和邵艳军编写；第七章由朱延姝编写；第八章由王兰兰编写；第九章由崔震海和王征宏编写；第十章由阮燕晔编写；附录由崔震海编写。

全书由樊金娟、阮燕晔、朱延姝、崔震海统稿，张立军审稿。樊金娟、阮燕晔根据出版社和审稿的意见对全书进行了审读、修改和补充。

修订后的教材我们力求在体系上更加合理，内容上更加充实，语言上更加简练。但由于编者的水平有限，书中定有疏漏、错误和不妥。敬请各位同行和读者批评指正。

在教材再版过程中得到了中国农业大学出版社和沈阳农业大学教材科的大力支持，本书引用了国内外许多教材和相关著作及论文的内容和图表，在此一并表示感谢。

编　者

2014年9月

第1版前言

植物生理学是研究植物生命活动规律及调节机理的学科，是生物科学的一个重要分支，具有很强的实验性和应用性。随着现代生物科学技术的发展，植物生理学与其他学科交叉渗透日趋加强，研究领域不断扩展和深化，在教学上更加强调实验和动手能力，这就需要实验教材不断地调整、充实和更新。为了满足植物生理学教学改革的需要，我们在该领域前辈们数十年积累的许多成就和经验的基础上，结合现代生物科学实验技术的进展，组织编写了这本《植物生理实验教程》。

全书共分十章，包括34个实验49个基本实验项目，包括了植物生理学最实用的技术和方法，并在每个实验中都给出实验前思考题和实验后思考题。同时，为了培养学生的创新能力，增加了综合设计型实验一章，包括5个综合性实验，涉及20个基本实验，并给出了9个设计型实验的参考题目。在实验步骤的编写上我们力求清晰、简洁，能归纳成表格的不用语言叙述，使之更容易参照实施。在附录中列出了实验报告的写作要求和常用的生物统计公式。本书除可作为大学生实验教材外，也可作为研究生及科研人员和技术工作者的参考。

本书前言由张立军执笔；第一章由戴凌燕编写；第二、九章由樊金娟编写；第三章由李奕松编写；第四、十章由阮燕晔编写；第五章由赵方贵编写；第六章由王征宏编写；第七章由武志海编写；第八章和附录由崔震海编写。全书由张立军、樊金娟、阮燕晔、崔震海统稿，陈凤玉审稿。张立军、樊金娟、阮燕晔根据出版社和审稿的意见对全书进行了审读、修改和补充。本书的编写和出版得到中国农业大学出版社和沈阳农业大学教材科的大力支持，特致谢意。

但由于编者的水平有限，编写时间仓促，书中难免存在不足之处，敬请读者和专家给予指正。

编　者

2007年4月

目录

第一章　植物的细胞生理

细胞是生物有机体结构和生命活动的基本单位，能够进行各种代谢活动，并不断地与外界环境进行物质和能量交换。高等植物的细胞主要由细胞壁、细胞膜、细胞质、细胞核和各种细胞器所构成。通过组织破碎、分级离心，可获得各种细胞器，进而进行各种生理生化研究，阐述其功能。研究细胞生理是了解植物体生命活动的重要基础。本章主要介绍叶绿体、线粒体的分离制备及活力测定方法，细胞的质壁分离与分离复原，细胞质膜微囊的分离及纯化和膜脂的提取分离及定量测定。

实验一　叶绿体的分离制备及活力测定

叶片是高等植物进行光合作用的主要器官，而叶绿体则是植物进行光合能量转化的主要细胞器。本实验学习离体叶绿体的分离制备技术，并通过希尔反应测定离体叶绿体的活力，了解在叶绿体中进行的光还原反应。

【实验前思考题】

1. 叶绿体的结构与光合作用的光反应有何关系？

2. 什么是希尔反应？它的发现在光合作用研究中有何意义？

【原理】

1. 叶绿体的分离制备原理是根据不同植物材料的特点，分别选用具有合适pH、渗透势、抗酚类干扰的提取介质，采用分级离心方法将叶绿体颗粒与其他细胞内含物分开，然后在一定离心力下收集。

2. 希尔反应(Hill Reaction)是绿色植物的离体叶绿体在光下分解水，放出氧气，同时还原电子受体的反应，即光还原反应。低温条件下用等渗溶液制备的完整叶绿体悬浮于适当的反应介质中，在氧化剂如 2,6-二氯酚靛酚（简称 DCIP）存在的条件下，叶绿体在光照下将会分解 H_2O 放出 O_2，同时将氧化剂还原，其反应速率代表希尔反应的活力。该氧化剂为蓝色，在 620 nm 处有最大吸收峰，其被还原后，颜色从蓝色变为无色，因此反应速率可根据溶液 OD_{620} 的变化进行测定，该变化在 4～5 min 内呈线性关系。其还原反应如下：

$$2\ \text{氧化型二氯酚靛酚} + 2H_2O \xrightarrow[\text{叶绿体}]{\text{光}} 2\ \text{还原型二氯酚靛酚} + O_2$$

氧化型二氯酚靛酚
(蓝色)

还原型二氯酚靛酚
(无色)

【材料、仪器与试剂】

1. 材料

新鲜菠菜叶片。

2. 仪器与用具

离心机；研钵；天平；纱布；试管；100 W 灯泡；722 型分光光度计。

3. 试剂

①提取介质：含 0.4 mol·L^{-1}蔗糖；10 mmol·L^{-1}NaCl；50 mmol·L^{-1}Tris-HCl；pH 7.5。

②染料：1 mmol·L^{-1} 2,6-二氯酚靛酚(用提取介质配制)。

【方法与步骤】

1. 离体叶绿体的提取

取新鲜菠菜叶片，剪去粗大的叶脉并剪成碎块，称取 10 g 放入预冷的研钵中，加 10 mL 预冷的提取介质(可分 2 次加入)和少许石英砂，冰浴中迅速研磨成匀浆，再加 10 mL 提取介质，用 4 层纱布将匀浆过滤于离心管中，4℃下 700 *g* 离心 3 min，离心后弃沉淀，将上清液于 4℃下 1 500 *g* 离心 8 min，弃上清液，所得沉淀即为离体叶绿体。用提取介质将叶绿体悬浮，适当稀释后使溶液在 660 nm 处的吸光度达 1 左右，置于冰浴中备用。

2. 叶绿体光还原反应的测定

取干净刻度试管 3 支，分别编号 1、2、3，然后按表 1-1 加入试剂。2 号管加入叶绿体悬浮液后于沸水浴中煮 15 min，然后用蒸馏水补足丧失的水分。3 号管为比色时调零用的空白对照。各试管在加染料之前保存在冰浴中。

表 1-1　光还原反应的试剂加入量及煮沸时间

管号	提取介质(mL)	叶绿体悬浮液(mL)	煮沸时间(min)	染料(mL)
1	4.5	0.5	—	5
2	4.5	0.5	15	5
3	9.5	0.5	—	—

3. 测定

向各管加入 2,6-二氯酚靛酚后立即摇匀倒入比色杯中,迅速测定 620 nm 处的吸光度值,以此代表反应时间为 0 min 时的吸光度。然后将比色杯置于 100 W 灯光下 60 cm 处照光,每隔 1 min 快速读取吸光度的变化,连续进行五六次读数,要保证每次照光时间一致。

4. 计算

以时间(min)为横坐标,以每分钟 OD_{620} 的变化量为纵坐标作图。

【结果分析】

描述曲线的变化规律,并根据光还原反应的机理给出合理的解释。

【注意事项】

每次照光后读数应快速,控制在 15 s 内完成。

【参考文献】

[1] 高俊凤.植物生理学实验指导.北京:高等教育出版社,2006.
[2] 张志良,瞿伟菁.植物生理学实验指导.北京:高等教育出版社,2003.
[3] 孙群,胡景江.植物生理学研究技术.杨凌:西北农林科技大学出版社,2006.

【实验后思考题】

1. 如果用叶绿体碎片作为材料测定光还原反应,结果如何? 为什么?
2. 为什么在低温条件下用等渗溶液分离制备离体叶绿体?

实验二　线粒体的分离制备及活性测定

线粒体是植物细胞进行呼吸作用的场所,是细胞进行各种生命活动所需能量的主要来源,故有细胞“动力站”之称。线粒体的提取、分离及活性测定技术是研究植物呼吸电子传递及氧化磷酸化等能量代谢过程的必要手段。本实验学习线粒体的分离制备方法，以及反映线粒体呼吸活力的氧吸收速率，反映氧化磷酸化效率的磷氧比（P/O 或 ADP/O）和呼吸控制率（或称为呼吸调节比）（RCR，respiratory control ratio）的测定方法。

【实验前思考题】

1. 线粒体的结构与三羧酸循环和氧化磷酸化有何关系？

2. 三羧酸循环中有哪些呼吸控制点？

【原理】

1. 线粒体的分离制备原理

根据不同植物材料的特点，分别选用具有合适 pH、渗透势、抗酚类干扰的提取介质，采用分级离心法将线粒体颗粒与其他细胞内含物分开，然后在一定的离心力下收集。植物线粒体直径一般为 0.5～1.0 μm，长 3 μm，其沉降系数(S)为(1～1.7)×10^4，通常可用差速离心进行分离。如有需要，可进一步用密度梯度离心进行纯化。用差速离心进行分离时，其离心力(*g*)和离心时间因植物材料而异。一般先用低离心力(500～1 000 *g*)短时间(5～10 min)去除细胞碎片，然后在 11 000～12 000 *g* 的高离心力下沉降线粒体。

2. 线粒体外膜完整度的测定原理

线粒体中的细胞色素 C(Cyt C)位于内膜外侧，在有氰化物（抑制细胞色素氧化酶活性，阻止还原性的 Cyt C 将 e^- 交给分子氧）存在时，用琥珀酸引发电子传递后，可使 Cyt C 还原。当线粒体的外膜完整时，外源的 Cyt C 不能进入线粒体因而不被还原，相反，如果外膜破裂，外源 Cyt C 便可进入线粒体而被还原。还原型 Cyt C 在 520 nm 处有吸收峰。在没有糖醇的高渗透势测定体系中，线粒体外膜被胀破，能测得最快的 Cyt C 还原速率。未胀破的线粒体的 Cyt C 还原速率与胀破线粒体的 Cyt C 还原速率之比，称为线粒体膜的破碎度；线粒体完整度＝1－破碎度。

3. 氧电极测定线粒体活性的原理

反映离体线粒体活力的氧吸收速率、磷氧比和呼吸控制率均可用氧电极测定反应液中溶解氧的变化来计算。氧电极（oxygen electrode）是实验室中一种常用的测氧设备。它具有灵敏度高，操作简便而快速，可以连续测定液相中溶解氧含量的变化，非常适合于叶绿体活性和线粒体活性以及一些酶反应中氧含量变化的测定。原理见第五章实验一。

【材料、仪器与试剂】

1. 材料

在理论上所有高等植物的组织都可用来制备线粒体，但从组织坚实、细胞壁老化及含叶绿体的材料中制备线粒体的难度很大，最好采用新鲜、生长旺盛的黄化幼苗和贮藏组织（块根、块茎），如暗中萌发的绿豆芽，新近收获的马铃薯块茎、花椰菜等。

2. 仪器与用具

高速冷冻离心机；组织捣碎机；玻璃漏斗、烧杯、纱布；氧电极溶氧测定系统（以国产 CY-Ⅱ型测氧仪为主机，配以反应杯、磁力搅拌器、超级恒温水浴、自动记录仪、光源）；注射器、微量注射器；分光光度计；恒温水浴锅；移液管等。

3. 试剂

①线粒体提取和洗涤介质：含 0.3 mol·L^{-1}甘露醇、0.2 mol·L^{-1}蔗糖、1 mg·mL^{-1}牛血清蛋白（BSA）、1 mol·L^{-1} EDTA、50 mmol·L^{-1}Tris-HCl，pH 7.2。

②线粒体悬浮液：不加 BSA 的线粒体提取和洗涤介质。

③线粒体呼吸反应介质：含 0.3 mol·L^{-1}甘露醇、0.2 mol·L^{-1}蔗糖、10 mmol·L^{-1}BSA、1 mmol·L^{-1}EDTA、50 mmol·L^{-1}Tris-HCl，pH 7.2。

④线粒体呼吸反应底物：1 mol·L^{-1}琥珀酸（钠）、0.5 mol·$L^{-1}$$\alpha$-酮戊二酸（钠）、1 mol·$L^{-1}$苹果酸（钠）、0.1 mol·$L^{-1}$ADP（钠）。

以上试剂需要预冷保存。

⑤Folin-酚试剂：配制方法见第六章实验四。

⑥1%詹纳斯绿 B(Janus green B)：称取 1 g 詹纳斯绿 B 溶于 0.9%灭菌的生理盐水（0.9%氯化钠）中。

⑦线粒体外膜的完整度测定系统溶液：A 液含 0.175 mol·L^{-1}甘露醇、0.1 mol·L^{-1}蔗糖、7.5 mmol·L^{-1}磷酸缓冲液（pH 7.2）、0.75 mmol·L^{-1}Cyt C、1.5 mmol·L^{-1}KCN、255 mmol·L^{-1}ATP；B 液为不含甘露醇和蔗糖的 A 液。

【方法与步骤】

1. 线粒体的制备（以马铃薯块茎为例）

将贮存于 10℃的新鲜马铃薯块茎削皮后，放入 4℃冰箱至少预冷 1 h。将 100 g 预冷组织切成薄片，与 200 mL 预冷介质一起放入经过预冷的组织捣碎机中捣碎 20 s，匀浆用纱布过滤，滤液经 500～1 000 *g* 离心 3 min，去沉淀。上清液经 11 000～12 000 *g* 离心 10 min。去上清液。沉淀用洗涤介质洗涤 1 次，并再用 15 000～20 000 *g* 离心 8 min，去上清液。所得沉淀小心悬浮在 2 mL 悬浮液中，避免产生气泡，冰浴保存。整个制备过程在低温下进行，操作要迅速，在 1 h 内完成。

2. 线粒体分离效果的初步检查

制备的线粒体可以用光学显微镜粗略地观察。将悬浮液用詹纳斯绿 B 染色

后观察，线粒体染成绿色。取线粒体悬浮液 1 滴涂片，滴加 1% 詹纳斯绿 B 液染 20 min，覆上盖玻片，镜检。线粒体呈蓝绿色，为小棒状或哑铃状。

3. 线粒体悬浮液蛋白质含量的测定

取 0.5 mL 线粒体制备液用 Folin-酚试剂法（Lowry 法）测定蛋白质含量，方法见第六章实验四。

4. 线粒体外膜完整度的测定

（1）离体线粒体 Cyt C 还原速率的测定

取 2 mL 线粒体外膜完整度测定系统的 A 液，加入 0.5 mL 含蛋白质 3 mg·mL^{-1} 的线粒体悬浮液，反应体系各种物质的最终含量为 0.35 mol·L^{-1} 的蔗糖和甘露醇、5 mmol·L^{-1} 磷酸缓冲液（pH 7.2）、0.5 mmol·L^{-1} Cyt C、1 mmol·L^{-1} KCN、170 mmol·L^{-1} ATP、10 mmol·L^{-1} 琥珀酸，反应体系总体积为 3 mL。反应底物琥珀酸最后加入，以其引发反应，用分光光度计在 520 nm 处测定由细胞色素还原引起的吸光度变化，测定 2～3 min 的变化值。

（2）胀破的离体线粒体 Cyt C 还原速率的测定

取 2 mL 线粒体外膜的完整度测定系统 B 液，加入 0.5 mL 含蛋白质 3 mg·mL^{-1} 线粒体悬浮液，反应体系各种物质的最终含量为 5 mmol·L^{-1} 磷酸缓冲液（pH 7.2）、0.5 mmol·L^{-1} Cyt C、1 mmol·L^{-1} KCN、170 mmol·L^{-1} ATP、10 mmol·L^{-1} 琥珀酸，反应体系总体积为 3 mL。吸光度的测定同上。

5. 测氧仪的调试及灵敏度标定

以容积为 2 mL 的反应杯为例。

（1）测氧仪的检查

开启电源，将波段开关拨至“电池电压”挡，检查电池电压是否正常（满量程为 10 V），如果电压低于 7 V，则须更换电池，安装时须注意正、负极；将波段开关拨至“极化电压”挡，检查加于电极两端的电压是否为 0.7 V，偏高或偏低时，可调节“极化微调”使电位器恰好为 0.7 V；将波段开关拨至“零位调节”挡，电表指针应在“0”点，否则，可调节“零位”电位器。

（2）电极的安装

电极包括下列部件：氧电极、电极套、电极套螺塞、聚乙烯薄膜、“O”形橡皮圈。另外还有氯化钾溶液，薄膜安装器。

从电极套取出电极，将薄膜小圆片放在电极套的顶端。把薄膜安装器的凹端压在电极套的顶端，再将“O”形圈推入套端的凹槽内；轻拉膜，使薄膜与电极套贴合，但不能拉得太紧而使薄膜变形。将 0.5 mol·L^{-1} 氯化钾溶液滴入电极套内，慢慢地向下推，直到电极头与薄膜接触。将电极套螺塞拧紧，使电极凸出电极套

0.5 mm左右。擦去电极套外的氯化钾液滴。

(3)灵敏度的标定及结果计算

用在一定温度和大气压下被空气饱和的水中氧含量进行标定。先将恒温水浴调至25℃。在反应杯中加满蒸馏水，杯内放一细玻管封住的小铁棒，向反应杯的双层壁间通入30℃(或实验要求的温度)的温水，开启电磁搅拌器，搅拌5～10 min，使水中溶解氧与大气平衡，将电极插入反应杯(注意电极附近不得有气泡)。将测氧仪灵敏度粗调旋钮拨至适当位置，再调灵敏度旋钮，使记录笔达满度，灵敏度旋钮不要再动。

然后向反应杯注入0.1 mL饱和亚硫酸钠溶液，除尽水中之氧，记录笔退回至“0”刻度附近。根据当时的水温查出溶氧量以及记录笔横向移动的格数，算出每小格代表的氧量。例如，反应体系温度为25℃，由表上查得饱和溶氧量为0.253 μmol·mL^{-1}，反应体系体积为2 mL，若此时记录笔在100格处，注入亚硫酸钠后退回了80格，则每小格代表的氧量为0.253 μmol·mL^{-1}×2 mL/80格＝0.006 33 μmol·格$^{-1}$。在正式测定时，若加入3 mL反应液，经温度平衡后，记录仪记录笔在第92格处，经5 min反应后，记录笔移到第66格，则溶液中含氧量的降低值为：(92－66)×0.006 33＝0.165 μmol，该值为5 min内的实际耗氧量。

表1-2　不同温度下水中氧的饱和溶解度

温度(℃)	O_2(μg·mL^{-1})	O_2(μmol·mL^{-1})
0	14.16	0.442
5	12.37	0.386
10	10.92	0.341
15	9.76	0.305
20	8.84	0.276
25	8.11	0.253
30	7.52	0.230
35	7.02	0.219

6. 利用测氧仪进行线粒体氧吸收速率、呼吸控制率及*ADP/O*的测定

①灵敏度标定后将反应杯洗净，用注射器将反应液(1.8 mL)注入反应室，启动电磁搅拌器，待温度平衡后开启记录仪。操纵控制器位移旋钮将记录笔调至右端。

②然后向反应杯中注入0.2 mL线粒体制备液(不能出现气泡)，此时记录仪上出现斜率较低的直线，这是线粒体的内源呼吸，又称状态Ⅰ。

③待斜率稳定后加入适量呼吸底物(使体系中 α-酮戊二酸浓度为 10 mmol · L^{-1};或苹果酸 30 mmol · L^{-1};或琥珀酸 10 mmol · L^{-1})。加入呼吸底物后的斜率为呼吸基质存在时的氧吸收速率,又称状态Ⅱ。

④此时再加入 10 μL ADP 时出现较大的斜率,代表 ADP 促进下的线粒体呼吸速率,称为状态Ⅲ。

⑤当磷酸化反应的底物 ADP 被耗尽以后,线粒体氧化吸收速率又自动地降低,此时的斜率为状态Ⅳ,再加 ADP 又回到状态Ⅲ,直至反应液中溶解氧全部耗尽为止。

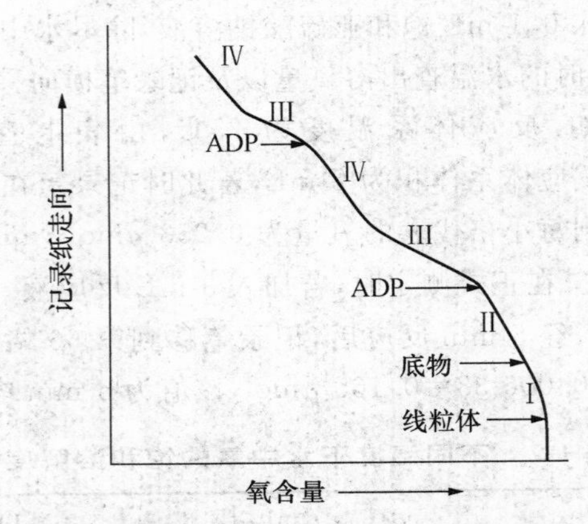

图 1-1 测定线粒体呼吸控制率的记录示意图

【结果与计算】

(1)氧吸收速率

$$氧吸收速率(\mu mol \cdot mgN \cdot h^{-1}) = (dl/dt) \times (S/N)$$

式中:dl/dt 为记录斜率($cm \cdot h^{-1}$);S 为灵敏度($\mu mol \cdot cm^{-1}$);N 为参与反应的线粒体的蛋白含量(mg)。

(2)氧化磷酸化效率(P/O 或 ADP/O)

状态Ⅲ期间吸收的氧与加入的 ADP 量成正比,因此 ADP/O 就是加入的 ADP 的 μmol 与此期间实际消耗的氧的 μmol 数的比值。该比值大小反映了线粒体的氧化磷酸化效率。假如测定体系加入 1 μmol ADP,状态Ⅲ期间耗氧 0.35 μmol,则 $P/O=1.0/0.35=2.86$。

(3)呼吸控制率(RCR)

呼吸控制率是指 ADP 控制下的氧吸收速率与不受 ADP 控制的氧吸收速率

的比值，也即状态 Ⅲ 与状态Ⅳ的氧吸收速率的比值。例如，状态Ⅲ时，记录笔每分钟横向位移 3 cm，而状态Ⅳ 时，每分钟位移 1.5 cm，则 RCR＝3/1.5＝2。

RCR 也反映线粒体氧化磷酸化的效率和线粒体膜的完整度。

【注意事项】

植物内源脂肪酸、酚类、醌类物质能抑制线粒体的功能，因此制备时要求：

①溶液中加入螯合剂(EDTA)和巯基化合物或聚乙烯吡咯烷酮(PVP)降低或去除酚类化合物的毒害作用；加入 BSA 防止或降低脂肪酸或其他脂类物质的毒害。

②反应介质要现配现用，冰箱中也不能久放。

【参考文献】

[1] 高俊凤.植物生理学实验指导.北京：高等教育出版社，2006.

[2] 孙群，胡景江.植物生理学研究技术.杨凌：西北农林科技大学出版社，2006.

【实验后思考题】

1. 请比较状态Ⅰ、Ⅱ、Ⅲ在数值上的大小，并利用我们学过的知识对此进行解释。

2. 线粒体的提取洗涤介质、悬浮液、反应液中为什么要加入一定浓度的甘露醇和蔗糖？

实验三 细胞的质壁分离与质壁分离复原

生活细胞的质膜具有选择透性，可与外界溶液构成渗透系统，并能主动地吸收某些溶质，而死细胞的原生质体则完全丧失这些特性。本实验通过对细胞质壁分离和质壁分离复原现象的观察，了解细胞膜的选择透性、黏滞性和荷电性等。

【实验前思考题】

1. 细胞膜有哪些生物功能？水分通过细胞膜运输的途径有哪些？

2. 为什么只有活细胞才能与外界溶液构成渗透系统？

【原理】

中性红是常用的活体染料之一，属于弱碱性 pH 指示剂，变色范围在 pH 6.4～8.0，随 pH 升高由红变黄。在中性或微碱性环境中，植物的活细胞能大量吸收中性红并向液泡中排泌，由于液泡在一般情况下呈酸性反应，因此，进入液泡的中性红便解离出大量阳离子而呈现樱桃红色，而原生质和细胞壁一般不着色；死细胞由于原生质变性凝固，液泡破坏，因此，用中性红染色后，不产生液泡着色现象；相反，中性红的阳离子却与带有一定负电荷的原生质及细胞核结合，而使其染色。

活的植物细胞的质膜和液泡膜具有选择透性，因此能与外界溶液构成渗透系统。含有中央大液泡的细胞与外界低渗透势溶液（即低水势溶液）接触时，细胞内的水分外渗，原生质体随着液泡一起收缩而发生原生质体与细胞壁的分离；将已发生质壁分离的细胞与清水或高渗透势溶液（即高水势溶液）接触，原生质体可重新吸水体积扩大而发生质壁分离复原；或将已发生质壁分离的细胞较长时间保留在低水势溶液中时，细胞会吸收外界的溶质，降低细胞水势，原生质体也可重新吸水而发生质壁分离复原。

植物细胞常因原生质和细胞壁结合的紧密程度或原生质的黏性大小而表现不同的质壁分离形式。质壁分离主要有两种形式：凸形和凹形，有时把严重的凹形质壁分离称作痉挛形质壁分离。质壁分离最初由凹形开始，以后或保持这一形式，或逐渐转为凸形。保持凹形质壁分离的时间长短与原生质的黏性关系很大，凡是原生质黏性大的，能维持较长时间的凹形，甚至成为痉挛形，而原生质黏性很低的，则较快地转为凸形质壁分离。

本实验将观察由于 Ca^{2+}、K^{+} 对原生质黏性的不同影响而发生不同形式的质壁分离现象。经 Ca^{2+} 处理后，发生凹形质壁分离；经 K^{+} 处理后则发生凸形质壁分离。当用硝酸钾的低渗透势溶液进行长时间质壁分离时，由于细胞质强烈膨胀、变厚，似帽状包围在收缩的液泡两端，因此称为帽状质壁分离。此时能清楚地区别无色透明的原生质和染成红色的液泡。

【材料、仪器与试剂】

1. 材料

洋葱鳞茎或紫鸭跖草叶片。

2. 仪器与用具

显微镜；载玻片；盖玻片；单面刀片；尖头镊子；小培养皿；吸管；擦镜纸；吸水纸。

3. 试剂

①0.03%中性红溶液。

②1 $mol \cdot L^{-1}$硝酸钾溶液。

③1 $mol \cdot L^{-1}$氯化钙溶液。

【方法与步骤】

1. 选取洋葱鳞茎或紫鸭跖草叶片若干块，用刀片在洋葱鳞片内侧或外侧纵横划成 0.5 cm^2 左右的小块，用尖头镊子将表皮小块轻轻撕下，立即投入中性红溶液中染色，注意要将表皮内侧向下，5～10 min 后，转移到自来水中浸泡 10～15 min，放在载玻片上，盖好盖玻片，在显微镜下观察，将发现液泡被染成樱桃红色，细胞核和原生质不染色。

2. 从盖玻片的一边滴1滴1 mol·L^{-1}硝酸钾溶液而在对边用滤纸吸水，重复两次，将硝酸钾溶液引入盖玻片下使之与材料接触并立即镜检，可看到细胞内发生凸形质壁分离。

3. 观察到质壁分离后，从盖玻片一边小心加清水1滴，在对边用滤纸缓缓吸去溶液，速度不可过快，重复两次，使质壁分离剂（硝酸钾溶液）基本上被吸去。镜检，可看到质壁分离停止进行，相反，带有液泡的原生质体开始重新吸水膨大，最后又充满整个细胞腔，这就是质壁分离复原现象。质壁分离复原缓缓进行时，细胞仍会正常存活；如进行很快，则原生质体会发生机械伤害而死亡。

4. 另取一个洋葱表皮制片镜检，从盖玻片的一边滴1滴1 mol·L^{-1}氯化钙溶液而在对边用滤纸吸水，重复两次，将氯化钙溶液引入盖玻片下使之与材料接触并立即镜检，可看到细胞内很快发生凹形质壁分离。

5. 将洋葱表皮较长时间保留在硝酸钾的低渗透势溶液中，进行长时间质壁分离，镜检，观察帽状质壁分离。

【结果与绘图】

选择典型的细胞凹形、凸形、帽状质壁分离绘图，并解释所观察到的现象。

【注意事项】

①为便于观察，应选择紫色较深的材料，并尽量撕取单层表皮细胞。

②质壁分离过程应缓缓进行，细胞仍会正常存活；如进行很快，则原生质体会发生机械伤害而死亡，那样质壁分离后复原的过程就观察不到。

【参考文献】

[1] 高俊凤.植物生理学实验指导.北京：高等教育出版社，2006.

[2] 邹琦.植物生理学实验指导.北京：中国农业出版社，2000.

[3] 周祖富，黎兆安.植物生理学实验指导.北京：高等教育出版社，2001.

【实验后思考题】

1. 细胞质壁分离现象在细胞生理研究上有哪些用途？

2. 为什么只有活细胞才能发生质壁分离及其复原？

实验四　细胞质膜微囊的分离及纯化

植物细胞质膜是细胞最重要的结构之一，它严格有序地控制着细胞与外界环境之间的物质、能量及信息交换。研究在不同环境下不同植物组织细胞质膜微囊结构、组成和功能的变化，对于探讨植物和环境之间的相互作用，尤其是植物对逆境适应的自身保护机制研究，具有十分重要的意义。目前质膜微囊的分离纯化主要采用离心技术和水性二相分配法进行。

【实验前思考题】

1. 试述细胞质膜的结构、组成及功能。

2. 研究细胞质膜有哪些实际意义？

一、离心法

【原理】

植物组织经匀浆过滤后，通过差速离心技术富集质膜，再用蔗糖密度梯度离心法进行纯化。差速离心技术是依据不同组分在离心过程中的沉降速率不同而将混合物分离的方法。当选择一定的离心力，在一定的离心时间内进行离心时，沉降速率最大的颗粒将首先沉淀在离心管底部，沉降速率中等及较小的颗粒继续留在上清液中。密度梯度离心是在密度梯度介质中进行的依密度而分离的方法。蔗糖密度梯度离心技术常被用于分离细胞器组分，常采用不连续蔗糖浓度梯度，一般配制的蔗糖梯度是25%、35%、45%和55%。预先在超速离心机的离心管中制备好蔗糖梯度溶液，然后在其上面小心地铺上一层样品溶液，离心时，样品中各组分会按照它们各自的沉降速度沉降，若含有沉降系数不同的许多成分，就会出现许多层。

【材料、仪器与试剂】

1. 材料

根、茎、叶片及花粉等各种植物组织，而原生质体最为方便。

2. 仪器及用具

组织匀浆器；纱布；高速离心机；超速离心机；离心管；移液枪；液氮；超低温冰箱。

3. 试剂

①匀浆液：含200 mmol·L^{-1}蔗糖，50 mmol·L^{-1}的Hepes-Tris或Tris-Mes（pH=8.0），3 mmol·L^{-1}的EDTA，3 mmol·L^{-1}的$MgSO_4$，0.5%（W/V）的PVP，2 mmol·L^{-1}的DTT，0.2 mmol·L^{-1}的PMSF，5%（V/V）的甘油，并根据实验材料的渗透势添加一定量的甘露醇或山梨醇，使匀浆液与材料的渗透势相等。

②稀释液：含10 mmol·L^{-1}的Hepes-Tris或Tris-Mes（pH=6.5），3 mmol·L^{-1}的EDTA，1 mmol·L^{-1}的DTT，0.2 mmol·L^{-1}的PMSF，5%（V/V）的甘油。

③储存液：含 40%(V/V)的甘油，10 mmol·L^{-1}的 Hepes-Tris 或 Tris-Mes(pH=6.5)，2 mmol·L^{-1}的 DTT。

④蔗糖梯度溶液：35%和 45%蔗糖溶液，内含 5 mmol·L^{-1}的 Hepes-Tris 或 Tris-Mes(pH=6.5)，1 mmol·L^{-1}的 DTT。

【方法与步骤】

1. 以原生质体为材料分离质膜微囊

①将分离好的原生质体悬浮液经 4 层纱布过滤后，滤液以 500 *g* 离心 3 min，收集沉淀。

②将沉淀置于组织匀浆器中，以材料 2 倍体积量加入匀浆液研磨至均一，研磨后溶液以 10 000 *g* 离心 15 min，取上清液。

③预先在超速离心机的离心管中自下而上制备好浓度为 45%和 35%的不连续蔗糖密度梯度溶液，将步骤②中得到的上清液小心平铺于蔗糖梯度溶液的表面，以 80 000 *g* 离心 1 h，然后在蔗糖 35%和 45%的界面处吸取质膜微囊液。

④将步骤③中得到的质膜微囊液重复第③步骤 2 次，进一步纯化。

⑤将步骤④中纯化的质膜微囊液用稀释液稀释 3～5 倍，以 80 000 *g* 离心 30 min，沉淀即为质膜微囊。

⑥沉淀重悬在储存液中，混匀后分装，液氮速冻后，−70℃超低温冰箱保存备用。以上操作均在 0～4℃条件下完成。

2. 以植物根为材料分离质膜微囊

①取植物幼根 20 g，用剪刀剪成小段后置于组织匀浆器中，加入 40 mL 匀浆液研磨至均一，经 4 层纱布过滤后，滤液以 10 000 *g* 离心 15 min，取上清液。

②步骤①中获得的上清液以 80 000 *g* 离心 45 min，收集沉淀，用匀浆液重悬。

③预先在超速离心机的离心管中自下而上制备好浓度为 45%和 35%的不连续蔗糖浓度梯度溶液，将步骤②中得到的悬浮液小心平铺于蔗糖梯度溶液的表面，以 80 000 *g* 离心 2 h，然后在蔗糖 35%和 45%的界面处吸取质膜微囊液。后续操作同步骤 1(从原生质体中分离质膜微囊)中④至⑥步。

3. 质膜微囊纯度鉴定

质膜分离纯化后必须检测纯度，目前常用于鉴定质膜微囊纯度的方法有以下 3 种：

①通过电镜观察质膜微囊的形状和其他膜系的污染情况。

②借助同位素、荧光物质、免疫酶、铁蛋白等与伴刀豆球蛋白(简称 Con A)结合作为标记物研究质膜微囊的表面特征。

③测定不同膜特异性酶抑制剂存在下的酶活。

【注意事项】

1. 纱布过滤时为防止污染，需戴一次性塑料手套。

2. 在离心管中制备蔗糖梯度溶液时，35%蔗糖要缓缓加入，尽量避免破坏梯度间界面；同样，样品悬浮液也要小心加到蔗糖梯度表面上。

二、二相分配法

二相分配法是近年来普遍采用的质膜微囊分离的新方法。与传统的蔗糖密度梯度离心法相比，它具有操作简便，样品提取纯度高和量大等优点。

【原理】

有些大分子多聚物在一定浓度下相互不溶，会形成上、下分层的两个水相。由于被分离物表面的电荷性质以及膜的疏水性等特性，会使上、下两相的亲和力不同，从而达到分离的目的。将一定量质膜微囊粗提液加入到样品系统液中，充分混合两相，待分层清晰后，分离两相，然后用相同体积的另一相洗涤多次，以逐步纯化质膜微囊。

常用的大分子多聚物是葡聚糖 T500(Dextran T500)和聚乙二醇(PEG)，PEG的相对分子质量有 3 350、4 000 和 6 000 等几种。用不同离子的缓冲液和不同浓度的聚合物介质，可配制成各种类型的二相系统。在用葡聚糖 T500 和 PEG 配制的二相液中，分层后的上相液富含 PEG，下相液富含葡聚糖 T500。由于密度和分子表面极性等特征不同，质膜微囊主要存在于上相 PEG 中。

【材料、仪器与试剂】

1. 材料

小麦根、茎及叶片等植物组织。

2. 仪器与用具

组织匀浆器；纱布；高速离心机；超速离心机；各种离心管；移液枪；液氮；超低温冰箱。

3. 试剂

①匀浆液和储存液同蔗糖密度梯度离心法。

②配制二相分离系统的缓冲液：含 0.25 $mol \cdot L^{-1}$ 蔗糖的 5 $mmol \cdot L^{-1}$ 磷酸钾(pH=7.8)。

③葡聚糖 T500 和 PEG 浓度一般在 6.0%～6.5%(*W*/*W*)范围内。通常二相系统中葡聚糖 T500 和 PEG 浓度相同，如葡聚糖 T500/PEG(*W*/*W*)＝6.0/6.0(%)，用缓冲液配制。

【方法与步骤】

1. 取小麦幼根 20 g，用剪刀剪成小段后置于组织匀浆器中，加入 40 mL 匀浆液研磨至均一，经 4 层纱布过滤后，滤液以 10 000 *g* 离心 15 min，取上清液为质膜微囊粗提物。

2. 在离心管中加入等量的上、下二相液（选择 T500/$PEG_{6\,000}$＝6.1/6.1），再将质膜微囊粗提物与二相液充分混合后 1 000 *g* 下低速离心，使二相系统分层，上相液 PEG 含有初步纯化的质膜微囊，杂质进入下相液葡聚糖 T500 中。

3. 轻轻吸出上相液，转入另一支离心管，在管中加入等体积新的下相液，充分混合后，离心同步骤 2，上相液为二次纯化质膜微囊。

4. 把吸出的二次纯化质膜微囊液中加入预冷的蒸馏水，充分混合后在 80 000 *g* 下离心 1 h，收集沉淀，再用蒸馏水反复洗涤沉淀 2 次，最后将沉淀重悬在储存液中，混匀后分装，液氮速冻后，－70℃超低温冰箱保存备用。以上操作均在 0～4℃条件下完成。

通过此方法获得的质膜微囊也必须进行纯度鉴定，方法同蔗糖密度梯度离心法。

【注意事项】

1. 粗提质膜微囊的浓度不宜太大，否则易产生沉淀，影响纯化，一般蛋白含量在 1～5 $mg \cdot mL^{-1}$为宜。

2. 从二相系统中移出上相液时，尽量不要触动两相的界面，因此每次移出上相液时必须缓慢且不可全部吸出，约吸出上相液的 90％即可。

3. 所有试剂均需用重蒸水配制，封口置于冰箱中存放。

【参考文献】

[1] 孙群，胡景江.植物生理学研究技术.杨凌：西北农林科技大学出版社，2006.

[2] 中国上海植物生理研究所，上海植物生理学会.现代植物生理学实验指南.北京：科学出版社，1999.

[3] Palmgren M G, Askerlund P, Fredrikson K, Widell S, Sommarin M, and Larsson C. Sealed inside-out and right-side-out plasma mebrane vesicles. Plant Physiol, 1990, 92(4): 871-880.

[4] 洪剑明，贾慧君，郑槐明.水双相法分离泡桐幼苗根细胞质膜的研究.草业科学，2001，37(1)：23-27.

【实验后思考题】

1. 质膜微囊分离纯化后为什么必须进行纯度鉴定？

2. 测定哪些指标时要求必须先分离纯化质膜微囊？

实验五 膜脂的提取分离及定量测定

膜脂是生物膜的重要组成部分，占细胞干重的 5%～10%，对维持膜的流动性，叶绿体超微结构的形成，光合作用中光能的吸收、传递和转化以及 ATP 合成等起着重要作用。而膜脂通常以类脂形式存在。类脂成分及含量会明显影响生物膜的流动性和生理功能。

【实验前思考题】

1. 植物细胞生物膜膜脂有哪些成分组成？

2. 试述膜脂成分变化与生物膜功能之间的关系。

【原理】

植物膜脂是以极性头部和脂肪酸尾部组成，因此其具有极性，可以用氯仿-甲醇溶液研磨提取后，再利用极性溶剂将不同的类脂分开。分离后的类脂在碱性条件下水解出高级脂肪酸并制成甲酯后，可通过气相色谱测定；磷脂通过钼蓝定磷法测定；糖脂通过蒽酮定糖法测定。

【材料、仪器与试剂】

1. 材料

新鲜的植物组织。

2. 仪器及用具

烘箱；真空减压浓缩器；离心机；气相色谱仪；匀浆器；剪刀；长试管；刀片；电热套；锥形瓶；表面皿。

3. 试剂

氯仿；甲醇；石油醚；氨水；乙酸；硅胶 G；钼酸铵；硫酸；5-甲基苯二酚；蒽酮；H_2O_2；HCl；乙醚；乳糖；苯；KOH；无水乙醇。

【方法与步骤】

1. 膜脂的提取

(1)将新鲜植物组织于烘箱中在 105℃下处理 5 min 以杀死脂酶。取出冷却至室温后剪成小段，放入匀浆器中，加入 5～6 倍量的氯仿-甲醇溶液(氯仿-甲醇溶液的用量依据样品含水量来定，一般应使匀浆中氯仿∶甲醇∶水为 1∶2∶0.8 为宜)匀浆 1 min。

(2)用 5～10 mL 氯仿清洗匀浆器 1 次(使氯仿∶甲醇＝1∶1)，抽滤或离心后将滤液合并。

(3)向滤液中加入一定体积的0.76% NaCl溶液使氯仿：甲醇：水为1：1：0.9，充分振荡15 min，静置到溶液清晰分为两层后，收集下层溶液减压蒸干或氮气吹干后即为总类脂。

2. 中性脂的去除

经上述步骤获得的总类脂也包括了植物材料表面的蜡质或角质层中的一些中性脂，所以在分离生物膜的类脂成分时应尽量将其去除掉。

将获得的总类脂溶于被甲醇饱和的石油醚中，充分振荡，静置分层后，中性脂进入上层石油醚中，而极性脂存在于下层甲醇中。反复处理2～3次，甲醇液经减压浓缩后即得到不含中性脂的极性类脂。

3. 磷脂和糖脂的分离

可采用硅胶G双向薄层层析技术将浓缩后的极性类脂中磷脂和糖脂分开。一相展开剂为氯仿：甲醇：(7 mol·L^{-1})氨水＝65：30：4；二相展开剂为氯仿：甲醇：乙酸：水＝170：25：25：6；层析分离后的极性类脂斑点经显色后进行定性。当用钼粉-硫酸显色时，薄层板上天蓝色斑点为磷脂，若再喷上二氯荧光素试剂，在253 nm紫外光上磷脂斑点发荧光，可对其进行定位后刮下斑点用定磷法进行测定。如果用5-甲基苯二酚显色时，薄层板上淡黄色斑点为糖脂，刮下斑点后用蒽酮法定糖。

4. 各组分定量测定

(1)磷脂的测定

将刮下含磷脂斑点的硅胶粉放入长试管中，同时在层析板的空白处刮下同样大小的硅胶G作为对照。加入0.5 mL 5 mol·L^{-1}硫酸，于250℃消化30 min，冷却后加几滴H_2O_2，继续在250℃下消化30 min，冷却后用钼蓝法定磷。

(2)糖脂的测定

将刮下的糖脂斑点依次用氯仿-甲醇[1：2(*V*/*V*)]和甲醇各4 mL分别提取，每次都4 000 *g* 离心10 min，共3次。提取液置于表面皿中，70℃水浴蒸干。然后用3 mL甲醇溶解后转入试管，再加入3 mL 2 mol·L^{-1} HCl，开口煮沸45 min，冷却后加3 mL乙醚振荡，静置分层后取下层液用蒽酮法定糖，用乳糖做标准曲线。

(3)脂肪酸的测定

将步骤2中获得的极性类脂用石油醚-苯混合液溶解后，再加入KOH-甲醇溶液，充分振荡后静置，再加入蒸馏水，使溶液分为清晰的两层(若上层液混浊，可加几滴无水乙醇，几分钟后可澄清)，上层清液即为甲脂化的高级脂肪酸，可直接进行气相色谱分析。根据各种脂肪酸甲酯标准品的保留时间确定膜脂中脂肪酸的组分，再用面积归一法计算含量。

【结果与计算】

磷脂和糖脂含量根据各自的标准曲线进行计算，各种脂肪酸含量根据各自标准品浓度利用面积归一法计算。

【注意事项】

1. 膜脂提取时，一定要根据植物组织含水量加入氯仿-甲醇溶液，平衡好氯仿、甲醇和水之间的比例。

2. 为防止浓缩时产生泡沫可加入少量有机溶剂，如苯、乙醇和丙醇均可。

3. 由于极性脂中含有不饱和脂肪酸，在室温和空气下很容易氧化，因此浓缩后要尽快做后续的实验；若要使样品保存较长时间，应尽量采用溶液保存，或充以氮气，还可以在样品中加入少量的抗氧化剂，如0.005%的丁基羟基甲苯(BHT)。

【参考文献】

[1] 孙群，胡景江.植物生理学研究技术.杨凌：西北农林科技大学出版社，2006.

[2] 李合生.植物生理生化实验技术.北京：高等教育出版社，2000.

[3] 苏维埃，王文英，李锦树.植物类脂及其脂肪酸的分析技术——TLC-GLC技术．植物生理学通讯，1980，3：54-60.

[4] 鲍风，张克，许永瑞.生物膜磷脂组成的快速定量分析.科学通报，1985，20：1574-1576.

[5] Bligh E G，Dyer W J.A rapid method of total lipid extraction and purification. *Can J Biochem Physiol*，1959，37(8)：911-917.

【实验后思考题】

1. 膜脂提取时为什么要严格控制好氯仿、甲醇和水之间的比例？

2. 为什么用气相色谱法测定膜脂中脂肪酸含量时要先甲酯化？

第二章 植物的水分生理

水是植物体的重要组成部分，不仅直接参与体内的代谢反应，而且还是代谢反应和各种溶质运输的介质，并与植物固有姿态和体温的维持有关。水在植物生命活动中的作用，不但与其数量有关，也与其存在状态有关。本章主要介绍植物组织的含水量、相对含水量、水分饱和亏、叶片保水力、组织水势、渗透势、自由水和束缚水含量以及蒸腾速率、水分利用效率的测定方法。

实验一 植物组织含水量、相对含水量及水分饱和亏的测定

植物组织含水量、相对含水量及水分饱和亏是反映植物水分状况和研究植物水分关系的重要指标。

【实验前思考题】

1. 测定组织含水量有何意义？

2. 以干重为基础的含水量测定指标有什么局限性？

3. 用相对含水量表示植物组织水分状况有什么优缺点？

【原理】

①含水量的表示方法有两种：一种是以干重为基数表示；另一种是以鲜重为基数表示，所以又分为干重法和鲜重法：

$$\text{组织含水量} = (W_f - W_d)/W_d \times 100\%(\text{干重法}) \tag{1}$$

$$\text{组织含水量} = (W_f - W_d)/W_f \times 100\%(\text{鲜重法}) \tag{2}$$

式中：W_f、W_d 分别为组织鲜重和干重。

②植物组织相对含水量(RWC)指组织含水量占饱和含水量的百分数：

$$RWC = (W_f - W_d)/(W_t - W_d) \times 100\% \tag{3}$$

式中：W_f 为组织鲜重；W_d 为组织干重；W_t 为组织被水充分饱和后重量。

③水分饱和亏（WSD）指植物组织实际相对含水量与饱和相对含水量（100％）的差值的大小。

$$WSD=(W_t-W_f)/(W_t-W_d)\times 100\% \quad (4)$$

$$WSD=1-RWC \quad (5)$$

【材料、仪器与试剂】

1. 材料

各种植物器官。

2. 仪器及用具

天平；烘箱；剪刀；烧杯；铝盒；吸水纸。

【方法与步骤】

1. 剪取植物组织，迅速放入已知重量的铝盒，称出鲜重（W_f）。

2. 放入烘箱，于 105℃ 下杀青 0.5 h，然后于 80℃ 下烘至恒重，称出干重（W_d）。

3. 欲测相对含水量，在称鲜重后将样品浸入水中数小时取出，用吸水纸擦干样品表面水分，称重；再将样品浸入水中 1 h，取出，擦干，称重，直至样品饱和重量近似，即得样品饱和重量（W_t）。然后烘干，称重得干重（W_d）。

【结果与计算】

将所得的 W_t、W_d、W_f 值代入公式(1)、(2)、(3)、(4)、(5)，即可算出样品含水量、相对含水量及水分饱和亏。

【注意事项】

测定 RWC 时，W_t 很难测准，应注意不同植物材料及样品大小带来的差异。

【参考文献】

[1] [苏]波钦诺克·X·H.植物生物化学分析方法[M].荆家海，丁钟荣译.北京：科学出版社，1981.

[2] 高俊凤.植物生理学实验技术[M].西安：世界图书出版公司，2000.

【实验后思考题】

1. 实验过程中如何减少实验误差？

2. 环境条件对测定指标有怎样的影响？

实验二　叶片保水力的测定

叶片保水力是指叶片在离体条件下（没有水分供应，只有水分散失）保持原有水分的能力。叶片保水力的高低与植物遗传特性、细胞特性，特别是原生质胶体特性有关，可以反映植物的耐旱性。

【实验前思考题】

1. 叶片保水力高低与哪些因素有关？
2. 叶片保水力与植物抗旱性的关系如何？

【原理】

离体叶片在空气中脱水一定时间后含水量会发生改变，可以用离体后不同时间叶片的含水量多少来表示叶片保水力高低。含水量越高，表明叶片保水力越强；反之保水力越弱。

【材料、仪器与试剂】

1. 材料

不同小麦品种的功能叶片（或不同植物叶片）。

2. 仪器及用具

电子天平（感量 0.1 mg）；剪刀；保鲜袋。

【方法与步骤】

1. 剪取不同小麦品种功能叶或不同植物叶片（带部分叶鞘或叶柄），置于保鲜袋中迅速带回实验室，将叶鞘或叶柄插入水中，饱和 3 h（根据叶片情况确定饱和时间），取出叶片，剪取叶鞘，称取叶片重量 W_t。

2. 将叶片悬于室内或置于硬质台面上，在空气中自然脱水（记录室内湿度和温度）。间隔几小时称重一次（记作 W_n），直至 24 h（或 48 h）或在室内脱水至恒重后称重，将叶片烘干，称取干重 W_d。

【结果与计算】

根据所得数据，分别计算出每次称重时叶片的含水量，再以脱水时间对叶片含水量作图，即可看出不同叶片保水力的差异。或计算脱水 24 h（或 48 h）后的含水量，以此表示叶片保水力高低。

【注意事项】

1. 避免叶片离体后的失水。

2. 确定叶片吸水是否达到饱和。

3. 叶片脱水过程中的称重时间间隔要合理。

【参考文献】

[1] 王义华,金玉岭,张风林.农业数据手册[M].长春:吉林人民出版社,1980.

[2] Clarke J M. Differential excised leaf water retention capabilities of *Tritium* cultivars grown in field and controlled environments[J].Can J PlantSci,1983,63:539-541.

[3] Dedio W. Water relations in wheat leaves as screening tests for drought resistance[J].Can J PlantSci,1975,55:369-378.

[4] 高俊凤.植物生理学实验技术[M].西安:世界图书出版公司,2000.

【实验后思考题】

1. 比较不同小麦品种或不同植物叶片保水力差异。

2. 试分析叶片保水力高低与哪些因素有关系。

实验三 组织自由水和束缚水含量的测定

植物组织中的水分以自由水和束缚水两种不同的状态存在。在细胞中被蛋白质等亲水生物大分子等胶体颗粒或渗透物质所吸附不能自由移动的水分子称为束缚水(bound water)。自由水(free water)是指不被胶体颗粒或渗透物质所吸附或吸附力很小而能自由移动的水。自由水与束缚水含量的高低与植物的生长及抗性有密切关系。自由水/束缚水比值高时,植物组织或器官的代谢活动旺盛,生长也较快,抗逆性较弱;反之,则生长较缓慢,但抗性较强。因此,自由水和束缚水的相对含量可以作为表示植物组织代谢活动及抗逆性强弱的重要指标。

【实验前思考题】

1. 亲水性生物大分子是依赖什么机制来吸附水分子的?

2. 自由水和束缚水在植物生命活动中各有何作用?

【原理】

自由水未被细胞原生质胶体颗粒紧密吸附因而可以自由移动、蒸发或结冰,也可以作为溶剂。束缚水由于被胶体颗粒吸附而不易移动,不易被夺取,也不能作为溶剂。基于上述特点以及水分依据水势差而移动的原理,将植物组织浸入高浓度(低水势)的糖溶液中一定时间后,自由水可全部扩散到糖液中,组织中便只留下束缚水。自由水扩散到糖液后(相当于增加了溶液中的溶剂)便增加了糖液的重量,同时降低了糖液的浓度。测定降低了的糖液浓度,再根据已知的高浓度糖液的浓度及重量,可求出浓度降低的糖液重量。用浓度降低的糖液重量减去原来高浓度糖液的重量即为植物组织中自由水的量(即扩散到高浓度糖液中的水的量)。最后,用该植物组织的总含水量减去自由水的含量即是植物组织中束缚水的含量。

【材料、仪器与试剂】

1. 材料

小白菜或棉花叶片。

2. 仪器及用具

阿贝折射仪;电子分析天平(感量 0.1 mg);烘箱;干燥器;称量瓶;打孔器;烧杯;白瓷盘;托盘天平(灵敏度 1/100);量筒;真空泵。

3. 试剂

蔗糖溶液(60%～65%) 称取蔗糖 60～65 g,溶于 40～35 mL 蒸馏水,搅拌均匀即可。

【方法与步骤】

(1)取 6 个称量瓶,依次编号并分别准确称重(W_1)。

(2)在田间选取生长一致的待测植株,选择部位、长势、叶龄一致的有代表性叶片(或不同实验处理的植物功能叶)。用打孔器(0.5 cm^2)在叶片的半边钻取小圆片 150 片(注意避开粗大的叶脉),立即分别放入 3 个称量瓶中(每瓶随机装入 50 片),盖紧瓶盖。从另一半叶片上同样钻取小圆片 150 片,立即放入另 3 个称量瓶中盖紧瓶盖,以免水分散失。

(3)将 6 个装有样品的称量瓶精确称重(W_2)后,将其中 3 瓶置于烘箱中 105℃下烘 15～30 min(取下称量瓶盖),以杀死植物组织细胞,再于 80℃下烘至恒重,于干燥器中冷却称重(W_3)。

(4)在另外 3 个称量瓶中各加入 60%～65%(质量分数)的纯净蔗糖溶液 3～5 mL,摇匀使小圆叶片不重叠在一起;再分别准确称重(W_4)。将各瓶置于暗处 4～6 h,期间不时地轻轻摇动。若经过真空泵进行减压处理,时间可缩短为 1 h。到预定时间后,充分摇动溶液,用阿贝折射仪分别测定各瓶糖液浓度(c_2),以及未浸泡叶片的蔗糖原液浓度(c_1)。操作流程见表 2-1。

表 2-1 自由水和束缚水含量测定的操作流程

<table>
<tr><td rowspan="2">项目及步骤</td><td colspan="6">瓶号</td></tr>
<tr><td>1</td><td>2</td><td>3</td><td>4</td><td>5</td><td>6</td></tr>
<tr><td colspan="7">称重(W_1)</td></tr>
<tr><td>每瓶随机装入小圆片/片</td><td>50</td><td>50</td><td>50</td><td>50</td><td>50</td><td>50</td></tr>
<tr><td colspan="7">称量(W_2)</td></tr>
<tr><td>60%～65%的蔗糖溶液/mL</td><td>5</td><td>5</td><td></td><td colspan="3" rowspan="2">取下瓶盖,105℃下 15～30 min,80℃下至恒重,冷却</td></tr>
<tr><td colspan="4">再分别准确称重(W_4)</td></tr>
<tr><td colspan="4">暗处放置 4～6 h,若经真空减压,可缩短为 1 h,不时地轻轻摇动</td><td colspan="3" rowspan="2">称重(W_3)</td></tr>
<tr><td colspan="4">测定各瓶糖液浓度(c_2),以及蔗糖原液浓度(c_1)</td></tr>
</table>

【结果与计算】

1. 植物组织的总含水量$=\dfrac{W_2-W_3}{W_2-W_1}\times100\%$

2. 植物组织自由水含量$=\dfrac{(W_4-W_2)\times(C_1-C_2)}{(W_2-W_1)\times C_2}\times100\%$

3. 植物组织的束缚水含量＝组织总含水量(%)－组织自由水含量(%)

公式中各项的含义见本实验的【方法与步骤】。

【注意事项】

1. 每个样品必须有 3 个以上重复测定。

2. 称量要迅速,以减少水分散失。

3. 盖子要密封盖紧,保证测定的准确性。

【参考文献】

[1] [苏]波钦诺克·X·H.植物生物化学分析方法[M].荆家海,丁钟荣译.北京:科学出版社,1981.

[2] 高俊凤.植物生理学实验技术[M].西安:世界图书出版公司,2000.

【实验后思考题】

1. 植物组织自由水和束缚水含量测定过程中哪些环节易产生误差?如何减少这些误差?

2. 改变蔗糖溶液与植物叶片的比例对测定结果会有什么影响?

实验四 植物组织水势的测定

植物体内各种生理活动与其水分状况密切相关，植物组织的水分状况可用水势来表示。水势(water potential)是每偏摩尔体积水的化学势。植物细胞之间、组织之间以及植物体与环境之间的水分移动方向都决定于它们之间的水势差。若将植物组织置于外界溶液中，如果组织的水势(Ψ_w)小于溶液的渗透势(Ψ_s)，则组织吸水；反之组织失水；若两者相等，水分交换保持动态平衡。目前，植物组织水势的测定主要有几种方法：液相平衡法(如小液流法)、折射仪法、压力平衡法(如压力室法)、气相平衡法(如露点法、热电偶湿度计法)。前两种方法虽然简便，但精确性差。压力室法较适于测定枝条或叶柄导管的水势。露点法、热电偶法较适宜测定柔软叶片的水势，且精确度高，可在一定范围内重复测定叶片的水势，是较好的水势测定方法。植物的水势可作为合理灌溉的生理指标。本实验学习小液流法、压力室法和露点微伏压计法测定水势的方法。

【实验前思考题】

1. 影响溶液和植物组织水势高低的因素有哪些？
2. 测定植物组织水势有何实践意义？

一、小液流法

【原理】

当植物组织与外界溶液接触时，若组织水势小于外液水势，水分进入植物组织，外液浓度增高；相反，组织水分进入外液，使外液浓度降低；若二者水势相等，组织不吸水也不失水，外液浓度不变。溶液浓度不同，比重亦不同。取浸过组织的蔗糖溶液一小滴(为便于观察加入少许甲烯蓝)，放入未浸植物组织的原浓度溶液中，观察有色溶液的沉浮。若液滴上浮，表示浸过样品后的溶液浓度变小；液滴下沉，表示浸过样品后的溶液浓度变大；若液滴不动，表示浓度未变，该浓度溶液即为等渗溶液，其渗透势等于植物组织的水势。实际测定时，若找不到有色液滴完全静止不动的等渗溶液，可将接近组织水势的相邻两个溶液的浓度平均值看作等渗浓度。

【材料、仪器与试剂】

1. 材料

植物叶片。

2. 仪器与用具

青霉素小瓶(带塞子);试管(15 mm×180 mm);移液管(10 mL、1 mL);毛细吸管;橡皮塞;打孔器(直径 0.5 cm);解剖针;玻璃棒;试管架;洗耳球。

3. 试剂

①1 mol · L^{-1} $CaCl_2$ 溶液(或 1 mol · L^{-1} 蔗糖溶液)。

②甲烯蓝粉末。

【方法与步骤】

1. 配制梯度溶液

取干燥洁净试管 6 支,编号①~⑥,依次在①~⑥号试管中加入 1 mL、2 mL、3 mL、4 mL、5 mL、6 mL 1 mol · L^{-1} $CaCl_2$ 溶液,再依次加入 9 mL、8 mL、7 mL、6 mL、5 mL、4 mL 蒸馏水,盖上塞子(防止浓度改变),充分上下颠倒摇匀,使之成为均一的溶液,即得到浓度分别是 0.1 mol · L^{-1}、0.2 mol · L^{-1}、0.3 mol · L^{-1}、0.4 mol · L^{-1}、0.5 mol · L^{-1}、0.6 mol · L^{-1} 的 $CaCl_2$ 溶液,作为甲组。

另取干燥洁净的青霉素小瓶 6 个,编号①~⑥,用 6 支 1 mL 移液管分别从编号相同的甲组试管中准确移取 1 mL 不同浓度的 $CaCl_2$ 溶液到编号相同的青霉素小瓶中,随即塞上塞子,作为乙组。

2. 取样与测定

选取生长一致的叶片(或功能叶),用直径为 0.5 cm 的打孔器分别在距叶脉附近和叶缘处钻取高水势、低水势的叶圆片各 5 个(接近叶片的平均水势),用玻璃棒一起插入青霉素小瓶中,使之浸于溶液中盖上瓶盖。依次迅速钻取叶圆片到 6 个青霉素小瓶后计时,放置 30 min 左右,其间轻轻摇动几次,以加速水分平衡。

到预定时间后,用解剖针挑取微量的甲烯蓝粉末投入青霉素小瓶中摇匀,使之染色成较为一致的淡蓝色溶液(颜色不可过深);分别用 6 支干燥、洁净的毛细吸管从乙组青霉素小瓶中吸取少量的染色液体,插入编号相同的甲组试管溶液的中部,轻轻释放出蓝色液滴,同时观察液滴运动情况,依次操作完成,记录实验结果。根据实验结果确定该叶片的等渗溶液浓度,代入公式即可计算叶水势。

3. 实验记录

按表 2-2 记录实验结果。如果某一管中的小液滴悬浮不动,则说明该管溶液与小液流的密度相等,也即植物组织与该浓度糖液间未发生水分净交换,植物组织的水势等于该糖液的水势,若前一浓度溶液小液流下沉,而后一浓度溶液中上浮,则组织的水势值介于两糖液水势之间,可取平均值计算。

表 2-2 系列浓度糖液的配置和实验结果记录表

需配糖液浓度 ($mol \cdot L^{-1}$)	1 $mol \cdot L^{-1}$糖液 (mL)	蒸馏水 (mL)	小液流移动方向 (上↑、下↓、或不动←→)
0.1	1.0	9.0	
0.2	2.0	8.0	
0.3	3.0	7.5	
0.4	4.0	6.0	
0.5	5.0	5.0	
0.6	6.0	4.0	

【结果与计算】

由实验结果判断等渗溶液的浓度，将其值代入以下公式计算出植物组织的水势：

$$\Psi_w = \Psi_s = -icRT(\text{MPa})$$

式中：Ψ_w 为植物组织水势，单位：MPa（兆帕）；Ψ_s 为溶液的渗透势（即溶液的水势）；c 为等渗溶液的浓度（$mol \cdot L^{-1}$）；或液滴上浮、下沉的两个相邻溶液浓度的平均值；R 为气体常数（0.008 3 $L \cdot MPa \cdot mol^{-1} \cdot K^{-1}$）；$T$ 为热力学温度［273＋t℃（t 为实验时摄氏温度）］；I 为溶质的解离系数（蔗糖＝1；$CaCl_2$＝2.60）。

【注意事项】

1. 配制糖液浓度要准确，并充分摇匀。

2. 取样打孔时要避开大叶脉，混合取样，使之都接近平均水势。

3. 加甲烯蓝粉末要适量，过多会影响溶液浓度，过少则很难识别小液流移动方向。

4. 用毛细吸管回滴时要缓慢释放液滴，同时观察液滴运动情况；向外抽出吸管时，用力一定要小，要慢，以免产生假象。

【参考文献】

［1］Kramer P J. Water relations of plants[M]. New York，London：Academic Press，1983.

［2］Hsiao T C，Silk W K，Jing J. Leaf growth and water deficits: biophysical effects[J]. In：Baker N R，et al. Control of leaf growth. Cambridge：

Cambridge University Press，1985.

[3] Slavik B. Methods of studying plant water relations[M]. New York，Heidelberg，Berlin：Springer-Verlag，1974.

[4] 高俊凤.植物生理学实验技术[M].西安：世界图书出版公司，2000.

二、压力室法

【原理】

白天大部分时间内，由于蒸腾作用，植物木质部导管水柱常处于一定的张力之下。如果遮住叶片，阻止蒸腾，短时间后水分会接近平衡状态，意味着木质部中水势接近或等于叶细胞水势。当切下叶片，叶片木质部张力解除，导管中汁液缩回木质部(水势越低，缩回越多)。将切下的叶片放入压力室中，加压，使木质部汁液正好推回到切口处，此时的加压值等于切取叶片之前木质部张力的数值，也可以说，加压值(平衡压)大致等于叶片水势值。

若以 Ψ_w 代表所测叶片水势，$\Psi_w^{加压叶}$、$\Psi_w^{加压木}$、$\Psi_s^{加压叶}$、$\Psi_p^{加压叶}$ 分别代表加压至平衡压的叶片水势和木质部水势、渗透势、压力势，P 代表平衡压值，那么它们之间的关系就为：

$$\Psi_w^{加压叶} = \Psi_w^{加压木} = \Psi_s^{加压叶} + \Psi_p^{加压叶} \tag{1}$$

$$\Psi_w^{叶片} = \Psi_w^{加压叶} - P \tag{2}$$

将式(1)代入式(2)得：

$$\Psi_w^{叶片} = \Psi_s^{加压叶} + \Psi_p^{加压叶} - P \tag{3}$$

式(3)中，$\Psi_p^{加压叶}=0$，$\Psi_s^{加压叶}\to 0$(假设为零)，那么 $\Psi_w^{叶片}=-P$，即等于平衡压。

【材料、仪器与设备】

1. 材料

植物叶片或枝条。

2. 仪器与用具

压力室(在国内多用美、日进口压力室)；剪刀；刀片；纱布。

【方法步骤】

1. 从植株上切取叶片，用湿纱布包裹(或事先用湿滤纸条贴于钢筒内壁，避免样品失水)，迅速插入橡皮塞空隙中，使切口露出密封垫圈几毫米(以便观察)，放入钢桶中，旋紧螺旋环套。

2. 将压力控制阀转向“Pressurize”位，打开主控阀，以每秒 0.05 MPa 速度加压。接近叶片水势时，加压要慢一些，以免加压过量。当切口出现水膜，马上关闭主控阀，读出加压值(即叶片水势值)。

3. 将压力控制阀转向“Exhaust”，放气，压力表指针退回至零，扭动螺旋环套，取出叶片，进行第二个叶片的测定。

【注意事项】

1. 加压所用气体应为 N_2 等惰性气体。如含 CO_2 太多的气体，对细胞有伤害。

2. 钢瓶的搬运和使用要遵守钢瓶使用规定。

3. 加压要缓慢，以每秒 0.025 MPa 为宜。加压初期可以稍快，但是近平衡点的时候一定要缓慢。否则影响测定精度。

4. 尽量减少取样与测量过程中被测量样品的蒸腾失水，测定样品从植株上切离之前需先用塑料袋包裹，然后切离测定。

5. 样品最好不要二次切割，建议使用锋利医用手术刀切割，使切口平滑，减少误差。

【参考文献】

[1] 上海植物生理学会.植物生理实验手册[M].上海：上海科学技术出版社，1985.

[2] Slavik B. Methods of studying plant water relations[M]. New York, Heidelberg, Berlin: Springer-Verlag, 1974.

[3] 高俊凤.植物生理学实验技术[M].西安：世界图书出版公司，2000.

三、露点微伏压计法

【原理】

将叶片或组织汁液密闭在体积很小的样品室内，经一定时间后，样品室内的空气和植物样品将达到温度和水势的平衡状态。此时，气体的水势（以蒸汽压表示）与叶片的水势（或组织汁液的渗透势）相等。因此，只要测出样品室内空气的蒸汽压，便可得知植物组织的水势（或汁液的渗透势）。由于空气的蒸汽压与其露点温度具有严格的定量关系，利用仪器通过测定样品室内空气的露点温度而得知其蒸汽压。露点微伏压计装有高分辨能力的热电偶，热电偶的一个结点便安装在样品室的上部。测量时，首先给热电偶施加反向电流，使样品室内的热电偶结点降温（Peltier 效应），当结点温度降至露点温度以下时，将有少量液态水凝结在结点表面，此时切断反向电流，并根据热电偶的输出电位记录结点温度变化。开始时，结点温度因热交换平衡而很快上升；随后，则因表面水分蒸发带走热量，而使其温度保持在露点温度，呈现短时间的稳衡状态；待结点表面水分蒸发完毕后，其温度将再次上升，直至恢复原来的温度平衡。记录稳衡状态时的温度，便可将其换算成待测样品的水势或渗透势。

【材料、仪器与试剂】

1. 材料

植物叶片。

2. 仪器与用具

美国 Wescor 公司生产的 HR-33-T 型露点微伏压计。

【方法与步骤】

1. 离体测定法

①用打孔器在待测叶片上钻取直径 0.6 cm 的叶圆片，迅速放入 C-52 型样品室中，将顶端旋钮旋紧，平衡几分钟至 2 h 后（平衡时间视材料水势高低而定），把 FUNCTION 开关打到 SHORT 位置上，把探头插入主机 SUREFASTTM 接口。

②调零：把 FUNCTION 置于 READ 并使 RANGE 置于 30 后，调整 ZERO OFFSET 旋钮（先粗调后细调）使表针归零。

③测定温度：把℃/μV 开关置于℃的位置，读下排读数，记录温度 T。如果超过 30℃，使用 100 量程。

④Πv 值的设定：用公式 $\Pi v=0.7\times(T-25)+\Pi v0$ 算出 Πv 值，其中 T 为第③步中测定温度，Πv_0 为 25℃时叶室中未放样品时 Πv 值（该值见叶室连线标签）。按下 Πv 按钮，调节 Πv SET 旋钮使表头指针达到算出的 Πv 值。

⑤将 FUNCTION 旋钮调到 COOL 位置，此时表头的指针向右偏转，当指针移动到最大时，将 FUNCTION 旋钮调到 DP 位置，此时表头的指针向左偏转，当表头的指针稳定后，从表头上读取测定值。如果 RANGE 旋钮位于 10 或 100 的位置，按上排刻度读数；如果 RANGE 旋钮位于 30 或 300 的位置，按下排刻度读数。

⑥表头读数为电势差，该电势差是水势的线性函数，比例系数为 −7.5 μV/MPa。表头读数除以 −7.5 μV/MPa 为被测样品的水势（MPa）。

2. 活体测定法

在田间供试植株的待测叶片上装上 L-51 型活体样品室，平衡一段时间后测定，连接主机进行测定。

3. 叶片渗透势测定

①叶圆片冻融法：钻取供试植株叶圆片，迅速放入密封袋中，随即放入 −40～−35℃下冰冻 3 h，取出于室温下平衡 3 h 后，即可测定。

②榨出汁液法：取供试植株叶片，去中脉，迅速放入一尖底离心管，封口，于 −40℃下冰冻 1 h 后，取出融化，用一平头玻棒挤压叶片以榨出汁液，吸取 10 μL 置于 C-52 叶室中（预先在叶室中放置圆形滤纸片一张），平衡一段时间（30 min 以

上）即可测定。

【注意事项】

1. 本试验介绍的均为露点法，因露点法比湿度法较少受外界环境的影响，前者灵敏度比后者高1倍，测定结果更为可靠。

2. 样品水势不同，所需平衡时间不同，样品水势越低，所需平衡时间越长。如正常供水的小麦旗叶水势为－0.32 MPa，平衡时间50～60 min即可；而严重干旱的小麦旗叶水势为－2.27 MPa，平衡时间需2 h以上。平衡时间过短，不能测出正确结果；平衡时间太长，也会造成实验误差。

3. 一般认为叶圆片边缘的水分散失和离体期间的淀粉水解会造成测定的一定误差，但只要合理取样并迅速将叶圆片密封到样品室中，可把误差减少到最小。

4. 在使用C-52样品室时，切勿将样品放得高出或大于样品室小槽；测定完毕后，一定要将样品室顶部的旋钮旋起足够高以后才可将样品室的拉杆拉出，否则将损伤热电偶。

5. 仪器长期放置后，重新使用时须将电池充电14～16 h。

【结果与计算】

露点微伏压计表头读数除以－7.5 μV/MPa为被测样品的水势（MPa）。

【参考文献】

萧浪涛，王三根.植物生理学实验技术[M].北京：中国农业出版社，2005.

【实验后思考题】

1. 测定植物叶片水势的三类方法各有哪些主要优缺点？

2. 如何理解叶片水势越低，所需平衡时间越长？

实验五　细胞渗透势的测定

具有中央大液泡的植物活细胞与周围溶液构成渗透系统，并可发生质壁分离现象。利用这种现象不仅可以判断细胞的死活，了解细胞膜的选择透性、黏滞性和荷电性等，还可以测定细胞的渗透势。本实验主要学习利用细胞质壁分离测定细胞渗透势的方法。

【实验前思考题】

1. 在活细胞与周围溶液构成的渗透系统中，细胞中哪部分起半透膜的作用？

2. 植物的生活细胞是如何调节自身渗透势的？

【原理】

将植物组织放入一系列不同浓度的蔗糖溶液中，经过一段时间以后，有的细胞吸收水分膨胀；有的细胞失去水分，发生质壁分离。如果在某一溶液中细胞与外界溶液水交换达到平衡时，细胞刚好处于临界质壁分离状态，此时细胞壁的压力势等于零，外界溶液的水势就等于细胞渗透势，该外界溶液称为该组织的等渗溶液，其浓度称之为该组织的等渗浓度。根据公式即可计算出该组织细胞液的渗透势。在实际测定时，由于临界质壁分离状态难以在显微镜下直接观察到，所以一般均以细胞初始质壁分离状态作为判断组织所处外液是否是等渗溶液的标准。通常，首先确定引起质壁分离和不导致质壁分离的相邻溶液浓度，取其平均值作为组织等渗浓度，从而计算出细胞的渗透势。

【材料、仪器与试剂】

1. 材料

洋葱鳞茎、大葱、蚕豆叶片或其他植物叶片。

2. 仪器与用具

显微镜；培养皿；滴管；载玻片；盖玻片；镊子；单面刀；滤纸。

3. 试剂

1 mol · L^{-1}蔗糖溶液；0.03%中性红溶液。

【方法与步骤】

1. 以 1 mol · L^{-1} 蔗糖溶液为母液，配制 0.3 mol · L^{-1}、0.4 mol · L^{-1}、0.5 mol · L^{-1}、0.6 mol · L^{-1}、0.7 mol · L^{-1}蔗糖溶液各 10 mL 放置于干燥、洁净的小培养皿内，编号，备用。注意盖上培养皿盖，防止溶液蒸发浓缩。

2. 用刀片在洋葱鳞茎内表皮上划出边长为 2～5 mm 的小方格，用镊子剥取内表皮 15～20 块浸入盛有 0.03%中性红溶液的小培养皿内，染色 5 min，取出后放入盛有自来水的小培养皿内冲洗中性红在细胞间隙、细胞壁等部分的浮色，用滤纸吸干内表皮上的多余水分。

3. 在盛有不同浓度蔗糖溶液的培养皿内分别放入染色、漂洗后的内表皮 3～4 块。20～30 min 后，从高到低，从不同浓度的蔗糖溶液中取出内表皮小块，依次镜检，确定细胞的等渗溶液浓度。

【结果与计算】

将观察得到的细胞的外界等渗浓度代入下面的公式计算细胞的渗透势：

$$\Psi_s(\text{MPa}) = -icRT$$

式中：Ψ_s 为细胞渗透势，以 MPa 表示；其余各项的含义与小液流法相同。

【注意事项】

1. 撕下的表皮组织必须完全浸没于溶液中。

2. 确定50%的细胞发生了质壁分离的细胞即为等渗溶液；若前一个浓度中有不到一半的细胞发生质壁分离，后一个浓度溶液中50%以上细胞发生质壁分离，则取两个浓度的平均值作为等渗溶液浓度。

【参考文献】

[1] 高俊凤.植物生理学实验技术[M].西安：世界图书出版公司，2000.

[2] 张志良，瞿伟菁.植物生理学实验指导[M].3版.北京：高等教育出版社，2003.

【实验后思考题】

1. 在不同浓度梯度的蔗糖溶液中放入的洋葱内表皮的大小要力求相等，为什么？

2. 利用质壁分离法测定细胞的渗透势时哪些环节容易出现误差？如何减少这些误差？

实验六　植物蒸腾速率的测定

蒸腾作用是植物水分代谢的重要过程。蒸腾的快慢与矿质盐等在植物体内向上运输的速度以及叶温等都有关系，蒸腾速率可以作为确定需水程度的重要指标，其大小因植物种类而不同，并受外界因素如光照、温度、湿度等的影响。测定植物蒸腾速率对研究植物水分代谢有重要意义。本实验主要目的是掌握用离体快速称重法测定植物蒸腾速率。

【实验前思考题】

1. 蒸腾速率的测定在水分生理研究上有何意义？

2. 环境因素是如何影响蒸腾速率的？

【原理】

植物蒸腾失水，其重量减轻，因此可用称重法测定植物叶片在一定时间内一定叶面积所失水量，从而求出蒸腾速率。蒸腾速率离体快速称重法的特点在于能在自然条件下进行。植物枝条虽然剪离母体，但短时间内在生理上尚无明显变化，因此所求得的蒸腾速率与实际情况近似。但本方法不能连续测量和自动记录较长时间内的蒸腾速率。

【材料、仪器与试剂】

1. 材料

带枝植物叶片。

2. 仪器与用具

电子分析天平；剪刀；白纸片（或坐标纸）。

【方法与步骤】

1. 蒸腾速率测定

在被测植株上选择生长正常的带叶枝条，重 5～100 g，叶面积在 1～3 dm^2，然后剪下，立即进行第一次称重，并记录开始时间及被测材料重量，然后迅速将离体带叶枝条放回原来取样的母株上，使其在原来环境条件下进行蒸腾 3～5 min 后，迅速进行第二次称重，并求出 3～5 min 内的蒸腾失水量，记录实验数据。

2. 叶面积测定（如有条件可用叶面积仪测定）

采用剪纸称重法测定叶面积，其方法如下：取厚薄一致的白纸片，剪成（10 cm×10 cm=1 dm^2）面积的纸片，称重（mg）；把被测叶片铺在同样的白纸片上，用铅笔描出被测叶片的叶形状（不带叶柄和枝条），然后剪下纸叶片，称重（mg）。按公式计算被测叶片的叶面积：

$$叶面积(dm^2)=纸叶片重(mg)/1\ dm^2纸片重(mg)$$

【结果与计算】

表 2-3 离体快速称重法测定蒸腾速率记录表 日期：

植物及测定部位	第一次称重（mg）	第二次称重（mg）	蒸腾水量（mg）	叶面积（dm^2）	测定时间（min）	蒸腾速率（$mg\cdot dm^{-2}\cdot h^{-1}$）

$$蒸腾速率(mg \cdot dm^{-2} \cdot h^{-1}) = \frac{蒸腾水量(mg) \times 60}{叶面积(dm^2) \times 测定时间(min)}$$

【注意事项】

1. 如果是针叶树之类植物不便计算叶面积，可以每单位重量（鲜重或干重）蒸腾组织，在单位时间内蒸腾的水量来表示蒸腾速率（$mg \cdot g^{-1} \cdot h^{-1}$）。

2. 上述测定可适当重复，求其平均值。比较不同时间（晨、午、晚）。不同环境（温、湿、风、光），不同植物或不同部位的蒸腾速率，把结果及当时气候条件记录在表 2-3 中，并加以解释。

3. 随着失水量的增加，气孔开度变小，蒸腾速率将逐渐变小，因此实验应在数分钟内完成。

4. 在野外称重时，天平上要带挡风罩。

【参考文献】

邹琦.植物生理生化实验指导[M].北京：中国农业出版社，1995.

【实验后思考题】

1. 影响植物蒸腾速率的因素有哪些？
2. 测定蒸腾速率是否要考虑天气状况和气孔情况？

实验七　气孔运动及其影响因素

气孔是水分和气体进出叶片的门户。很多因素如光照、水分、温度、K^+、ABA等可以通过影响气孔的开度大小直接影响植物的光合作用、蒸腾作用以及水分利用效率。研究植物气孔运动的影响因素对于调节光合与蒸腾速率，使水分利用效率达到最优化具有至关重要的作用。通过本实验掌握观察气孔运动状况的方法和技术，并了解影响气孔运动的外在因素。

【实验前思考题】

1. 影响气孔运动的内、外在因素有哪些？
2. 气孔调节与植物的光合及蒸腾作用有何内在关系？

一、显微镜下观察气孔运动

【原理】

气孔的开闭运动是由组成气孔器的两个保卫细胞的膨压控制的，将叶片表皮放在高渗溶液中，保卫细胞失水，气孔关闭；置换成低渗溶液后，保卫细胞吸水，气孔开启。气孔的开闭运动可在显微镜下直接观察。

【材料、仪器与试剂】

1. 材料

植物叶片，如鸭跖草(*Commelina communis* L.)、蚕豆(*Vicia faba* L.)等。

2. 仪器与用具

显微镜；尖头镊子；载玻片；盖玻片；滤纸；滴管等。

3. 试剂

5%甘油溶液。

【方法与步骤】

1. 植物材料预处理

最好选用气孔较大的植物如鸭跖草、蚕豆等进行本实验。实验前先把植株放在湿润的空气中进行照光，促使气孔张开。

2. 表皮玻片的制作

摘下叶片，用尖头镊子撕取一小片下表皮，浸入有水滴的载玻片上，盖上盖玻片后立即在显微镜下观察。

3. 观察

在显微镜下，尽可能找到开度最大的气孔，然后在盖玻片的一端用滤纸吸去水，再从另一端滴上5%甘油溶液，使甘油溶液取代水，继而可观察到保卫细胞因失水而质壁分离，致使气孔关闭。当按上述方法再用水取代甘油时，保卫细胞吸水便呈现质壁分离复原现象，气孔张开，而且张得比实验开始时还大。

二、光诱导气孔的开启

【原理】

光下植物叶片的气孔开启，暗中气孔关闭。气孔的形态、大小及气孔开度可在显微镜下直接观察。

【材料、仪器与试剂】

1. 材料

鸭跖草或蚕豆等植物叶片(不离体)。

2. 仪器与用具

光源显微镜；显微聚光灯；载玻片；镊子；滴管；吸水纸；显微测微尺等。

【方法与步骤】

1. 将鸭跖草或蚕豆等不离体的植物叶片冲洗干净，放置暗中数小时，使气孔关闭。

2. 把一张平展的叶片固定在显微镜的载物台上，使有气孔的一面朝上，开启显微镜的内藏式光源或在叶的斜上方安置一显微聚光灯，照射叶片。

3. 在显微镜视野中选择数个气孔，调焦后，每隔 5～10 min 观察一次，并用显微测微尺测量气孔开度，也可用显微摄影仪定时定点拍摄光诱导的气孔开启过程。

三、钾离子对气孔开度的影响

【原理】

保卫细胞的渗透系统受钾离子调节。光下，无论是环式还是非环式光合磷酸化，保卫细胞中的叶绿体都能通过光合磷酸化生成 ATP，ATP 驱动质膜上的 K^+-H^+ 泵，使保卫细胞能逆浓度梯度从周围表皮细胞中吸收钾离子，或从外界溶液中吸收钾离子，从而降低其渗透势，使气孔开放。

【材料、仪器与试剂】

1. 材料

鸭跖草、蚕豆等植物叶片。

2. 仪器与用具

显微镜；尖头镊子；光源（1 000 W 碘钨灯）；培养皿；载玻片；盖玻片等。

3. 试剂

①0.5% KNO_3：称取 0.5 g KNO_3，用 90 mL 蒸馏水溶解，最后定容至 100 mL。

②0.5% $NaNO_3$：称取 0.5 g $NaNO_3$，用 90 mL 蒸馏水溶解，最后定容至 100 mL。

【方法与步骤】

1. 在 3 个培养皿中分别加入 0.5% KNO_3、0.5% $NaNO_3$ 及蒸馏水各 15 mL。

2. 植物材料于实验前，用两支 1 000 W 的碘钨灯进行 1～2 h 的照光处理，照光期间最好随时用水喷洒叶片，以保持叶片润湿，促进气孔开放。

3. 从植株上取下选定的鸭跖草或蚕豆叶片，撕取下表皮，做镜检，如有相当部分的气孔已张开，即可开展试验。

4. 撕取鸭跖草或蚕豆下表皮若干，分别放入上述的 3 个培养皿中。

5. 将培养皿置于 1 000 W 的碘钨灯下照光 1～1.5 h，光照强度控制在 4 000 lx 左右。

6. 分别在显微镜下观察气孔的开度。

四、ABA 对气孔关闭的作用

【原理】

植物内源激素 ABA(脱落酸)能使气孔关闭,降低叶片蒸腾速率,外源 ABA 也有同样的作用。可以用称量法、镜检法直接或间接地测量气孔开度,以检验外源 ABA 的作用。

【材料、仪器与试剂】

1. 材料

小麦(*Triticum aestivum* L.)或蚕豆叶片。

2. 仪器与用具

显微镜;目测微尺;温箱;电子天平;烧杯;移液管;剪刀;尖头镊子;光源;载玻片;盖玻片等。

3. 试剂

①100 mg・L^{-1} ABA:10 mg ABA 溶于 100 mL 蒸馏水中即可。

②无水乙醇。

③10%醋酸纤维素丙酮溶液:称醋酸纤维素 1 g,加丙酮 10 mL 溶解即可。

【方法与步骤】

1. ABA 对小麦叶片气孔开度的影响

①取样:选择照光培养、生长均匀、约 10 d 苗龄的小麦,取第一片叶为材料,剪取长 10 cm 的切段,共 60 段。

②设置处理:取 6 个 25 mL 烧杯(直径尽量一致),分成 3 组,每组 2 个,按表 2-4 进行处理,即第一组每杯加蒸馏水 10 mL,第二组每杯加蒸馏水 10 mL 和小麦叶片 15 段,第三组每杯加 10 mg・L^{-1}的 ABA 溶液 10 mL 和小麦叶片 15 段,均将叶片切段的基部插在溶液中。

③第一次称量:将上述各处理烧杯称量,记录原初质量。

④第二次称量:将 6 只烧杯放在 3 000 lx 的光源下,照光 2 h 后再称一次质量。

⑤计算与比较:将两次称量结果分别填入表 2-4 中,计算与比较 3 种处理的蒸发量,分析 ABA 对气孔开度和蒸腾的影响。

2. ABA 对蚕豆叶片气孔开度的影响

(1)取蚕豆倒数第 2 或倒数第 3 复叶的叶片 2 张,分别放入 5 mL 蒸馏水(对照)和 5 mL 10 mg・L^{-1} ABA 溶液中,每种处理设 2 个重复。

表 2-4　ABA 对小麦叶片蒸腾作用影响的记录表

处理	烧杯编号	第一次称重 (m_1)(g)	第二次称重 (m_2)(g)	差值 (m_1-m_2)(g)
①10 mL 蒸馏水	1			
	2			
②在 10 mL 蒸馏水中插入小麦叶片 15 段	3			
	4			
③在 10 mL 100 mg·L^{-1} ABA 溶液中插入小麦叶片 15 段	5			
	6			

(2)放在 3 000～4 000 lx 灯光下照光 2～3 h。

(3)观察(任选以下一种方法):

①活体观察:用带有接目测微尺的显微镜,观察气孔的开度,测量孔径大小。

②剥表皮观察:用镊子撕下靠近中脉处的下表皮,立即放入无水乙醇中固定,然后放在载玻片上,盖上盖玻片在显微镜下观察测量各处理的气孔开度。

③印迹法:用 10%醋酸纤维素丙酮溶液涂在叶子下表皮,待干后取下,置显微镜下测量。

根据测量结果,分析 ABA 对气孔开度的影响。

【结果及分析】

气孔是陆生植物与外界环境交换水分和气体的主要通道及调节机构。它既要让光合作用需要的 CO_2 通过,又要防止过多的水分损失,因此气孔在叶片上的分布、密度、形状、大小以及开闭情况显著地影响着叶片的光合、蒸腾等生理代谢的速率。

【注意事项】

1. 取材选择紫叶鸭跖草、蚕豆等植物叶片效果较好。
2. 方法一比较适于对气孔大且易撕下表皮的植物进行气孔运动的观察。
3. 观察的叶片最好是在温室中生长的,叶表面沾染的尘粒少。
4. 方法二中,需事先对植物材料叶片进行遮光处理,照光后气孔从闭到开需 20～30 min。
5. 方法三的供试材料除蚕豆外,还可选用鸭跖草和紫叶鸭跖草。实验前,要给材料预照光,促使气孔适度开放,室温低时,将照光培养皿放置得离光源稍近一些，使培养皿中溶液温度能上升至 30～35℃。

6. 方法四中要求处理②与处理③各烧杯中插的麦叶切段尽可能一致。

【参考文献】

[1] 邹琦.植物生理学实验指导[M].北京：中国农业出版社，2000.

[2] 张志良，瞿伟菁.植物生理学实验指导[M].3 版.北京：高等教育出版社，2003.

【实验后思考题】

1. 气孔的开闭是由什么控制的？

2. 在方法一中，为什么供试材料在实验前要放在湿润的空气中照光？当水取代甘油时，气孔开度为什么比实验开始时还大？

3. 光如何诱导气孔开启？

4. 方法三中观察前为何要加温与照光？试比较在何种溶液中气孔开度最大，为什么？

5. ABA 因素会影响保卫细胞中钾离子的浓度吗？

6. ABA 对气孔关闭有什么作用？

实验八　植物叶片气孔密度和面积的测定

在植物的蒸腾作用过程中，气孔蒸腾占着极重要的地位。气孔在叶面上的数目及气孔的大小与气孔蒸腾的强度有密切的关系。因此了解气孔在叶面上的分布和面积对于理解植物的蒸腾作用有着重要意义。

【实验前思考题】

1. 不同植物气孔分布有何特点？

2. 如何根据叶片特点制取表皮制片？

【原理】

单位面积上气孔的数目可先在显微镜下数出每一视野中气孔的数目，而后用物镜测微尺量得视野的直径，求得视野面积，由此而计算单位叶面上气孔的数目。气孔面积的测量可借助于显微镜描绘器，在坐标纸上绘图后求得。

【材料、仪器与试剂】

1. 材料

植物新鲜叶片。

2. 仪器与用具

显微镜;物镜测微尺;绘图仪(或显微镜描绘器);载玻片;盖玻片;坐标纸等。

【方法与步骤】

1. 测定气孔数目及密度

将新鲜叶片上(或下)表皮制片,置于显微镜下计算视野中气孔的数目(选择用低倍镜还是高倍镜,决定于表皮上气孔的数目),移动制片,在表皮的不同部位进行5～6次计数,求其平均值,随后用物镜测微尺量得视野的直径,按公式 $S=\pi r^2$(S为视野面积)计算视野面积,用视野中气孔的平均数除以视野面积,即可求出气孔的密度,以"1 mm^2 气孔数"表示。

2. 测量气孔的面积

用图钉将坐标纸固定在显微镜右面的桌面上,调节描绘器上的反光镜,使成45°倾斜,然后调节光线亮度,使气孔与坐标纸的形象在显微镜视野中重合,用铅笔在坐标纸上绘若干个气孔图,这样放大后的气孔面积即可从坐标纸上计算得知。

例如绘在坐标纸上气孔的面积等于30 mm^2,要求计算出气孔的实际面积,还必须要知道显微镜的放大倍数。为此,取物镜测微尺置于显微镜下,如前法绘若干测微尺的刻度于坐标纸上,以确定放大后的测微尺每一刻度相当于若干毫米,由于物镜测微尺每一小格刻度的实际长度为10 μm是已知的,所以显微镜的放大倍数即可求得,如测微尺的每一刻度等于坐标纸上的5 mm,那么显微镜的放大倍数即为500。

确定了长度的放大倍数后,还需要算出面积的放大倍数,由上面可知实际面积为100 μm^2,经放大后则得25 mm^2。用比例法即可求得气孔的实际面积。

$$\text{气孔的实际面积}=100\ \mu m^2\times 30\ mm/25\ mm^2=120\ \mu m^2$$

【结果与分析】

计算所测叶片上、下表面的气孔密度及气孔面积占叶面积的百分数。单位面积叶片上的气孔数目越多,表明该叶片的气孔密度越大,气孔蒸腾强度有可能较高。

【注意事项】

表皮不易撕开的叶子,可用火棉胶制取叶子表面模型,然后进行测定。

【参考文献】

[1] 张志良,瞿伟菁.植物生理学实验指导[M].3版.北京:高等教育出版社,2003.

[2] 高俊凤.植物生理学实验指导[M].北京:高等教育出版社，2006.

【实验后思考题】

1. 计算植物叶片上、下表皮的气孔密度有何意义?

2. 阴生植物与阳生植物叶片的气孔密度有何不同?阴天和晴天叶片的气孔状态有何差异?

第三章　植物的矿质营养

早在 17 世纪初，人们就开始利用实验的方法对植物的矿质营养进行研究。到 19 世纪，人们已经明确认识到植物由许多元素构成，其中二氧化碳来自空气，氮素和其他矿质元素取自土壤，并且已证明碳、氢、氧、氮、磷、硫、钾、钙、镁、铁 10 种元素在植物生活中是不可缺少的。在 20 世纪，又相继确定了锰、硼、锌、铜、钼、氯也是植物所必需的元素。在植物的必需元素中，有的是体内一些重要化合物的组成成分；有的参与细胞的酶促反应、能量代谢、渗透调节、酸碱调节、维持细胞的电荷平衡等。各种必需元素比例适当、供应充足则有利于植物的生长发育和作物产量及品质的提高。本章主要介绍植物根系活力、伤流量、硝酸还原酶活性和植物组织硝态氮含量的测定方法，以及植物溶液培养和缺素培养的方法。

实验一　根系活力的测定

植物根系是活跃的吸收器官和合成器官，根的生长情况和活力水平直接影响地上部分的营养状况及产量水平。本实验学习测定根系活力的 TTC 法和甲烯蓝法。

【实验前思考题】

1. 根系有何生理功能？植物的地上部分对根系活力有何影响？
2. 呼吸作用与根系生理功能有何关系？

一、TTC 法

【原理】

氯化三苯基四氮唑（TTC）是标准氧化电位为 80 mV 的氧化还原色素，溶于水中形成无色溶液，但被还原后即生成红色且不溶于水的三苯基甲臜（TTF），反应如下式：

TTC(无色) Cl^- $\xrightarrow{+2H}$ TTF(红色) +HCl

生成的三苯基甲臜比较稳定，不会被空气中的氧自动氧化，所以 TTC 被广泛用作脱氢酶活性测定的氢受体。植物根系中脱氢酶所引起的 TTC 还原，可因加入琥珀酸、延胡索酸、苹果酸得到增强，而被丙二酸、碘乙酸所抑制。所以 TTC 的还原量反映脱氢酶活性的高低，并可作为根系活力的指标。

【材料、仪器与试剂】

1. 材料

水培或砂培小麦、玉米等植物根尖。

2. 仪器与用具

小烧杯；研钵；移液管；刻度试管；分光光度计；分析天平（灵敏度 1/10 000），电子顶载天平（灵敏度 1/100）；温箱；试管架；石英砂；滤纸。

3. 试剂

①乙酸乙酯。

②次硫酸钠（$Na_2S_2O_4$），粉末。

③1%TTC 溶液：准确称取 TTC 1 g，溶于少量水中，定容到 100 mL。用时稀释至需要的浓度。

④磷酸缓冲液（1/15 $mol \cdot L^{-1}$，pH 7.0）。

⑤1 $mol \cdot L^{-1}$硫酸：用量筒取比重 1.84 的浓硫酸 55 mL，边搅拌边加入盛有 500 mL 蒸馏水的烧杯中，冷却后稀释至 1 000 mL。

⑥0.4 $mol \cdot L^{-1}$琥珀酸。

【方法与步骤】

1. 根系活力的定性测定

①配制反应液：把 1% TTC 溶液、0.4 $mol \cdot L^{-1}$ 的琥珀酸和磷酸缓冲液按 1∶5∶4 的比例混合。

②把根仔细洗净，从茎基部将地上部分切除。将根放入三角瓶中，倒入反应液，以浸没根为宜，置 37℃左右暗处放 1～3 h，以观察着色情况，新根尖端几毫米以及细的侧根都明显地变成红色，表明该处有脱氢酶存在。

2. 根系活力的定量测定

①标准曲线的制作：取 0.4%TTC 溶液 0.2 mL 放入大试管中，加 9.8 mL 乙

酸乙酯，再加少许 $Na_2S_2O_4$ 粉末摇匀，则立即产生红色的 TTF 母液。此溶液浓度为每毫升含有 TTF 80 μg。取此溶液 0 mL、0.25 mL、0.5 mL、1 mL、1.50 mL、2 mL分别置于 6 支 10 mL 刻度试管中，用乙酸乙酯定容至刻度，即得到含 TTF 0 μg、20 μg、40 μg、80 μg、120 μg、160 μg 的系列标准溶液(表 3-1)，以乙酸乙酯为空白，在 485 nm 波长下测定吸光度，绘制标准曲线。

表 3-1　TTF 标准溶液配制的各试剂用量

试剂	管号					
	1	2	3	4	5	6
80 $\mu g \cdot mL^{-1}$ TTF(mL)	0	0.25	0.5	1	1.5	2
乙酸乙酯(mL)	10	9.75	9.5	9	8.5	8
每管含 TTF (μg)	0	20	40	80	120	160

②称取根尖 0.5 g，放入小烧杯中，加入 0.4% TTC 溶液和磷酸缓冲液(pH 7.0)各 5 mL，使根充分浸没在溶液中，在 37℃下暗保温 1～2 h，此后立即加入 1 $mol \cdot L^{-1}$ 硫酸 2 mL 终止反应。另取一小烧杯，加入 0.4%TTC 溶液和磷酸缓冲液(pH 7.0)各 5 mL，再加 1 $mol \cdot L^{-1}$ 硫酸 2 mL，最后加根部样品，作为空白对照。

③把根取出，用滤纸吸干水分，放入研钵中，加乙酸乙酯 3～4 mL，充分研磨，以提取 TTF。把红色提取液移入刻度试管，并用少量乙酸乙酯把残渣洗涤 2～3 次，都移入刻度试管，最后加乙酸乙酯定容至 10 mL，用分光光度计在波长 485 nm 下，用空白实验溶液调零，测定吸光度。查标准曲线，即可求出 TTC 还原量。

【结果与计算】

$$\text{TTC 还原活力}(\text{mgTTF} \cdot g^{-1} \cdot h^{-1}) = \frac{c}{W \times t \times 1\,000}$$

式中：c 为 TTC 还原量(标准曲线上查出的 TTF 含量)(μg)；W 为根重(g)；t 为时间(h)。

【参考文献】

[1] 白保璋，金锦子，白崧，等.玉米根系活力测定法的改良[J].玉米科学，1994，4(2)：44-47.

[2] 山东农学院，西北农学院.植物生理学实验指导[M].济南：山东科学技术出版社，1980.

[3] 华东师范大学生物系植物生理教研组.植物生理学实验指导[M].北京：人

民教育出版社，1980.

二、甲烯蓝法

【原理】

根据沙比宁等的理论，植物对溶质的吸收具有表面吸附的特性，并假定被吸附物质在根系表面形成一层均匀的单分子层；当根系对溶质的吸附达到饱和后，根系的活跃部分能将吸附的物质进一步转移到细胞中去，并继续产生吸附作用。在测定根系活力时常用甲烯蓝作为吸附物质，其被吸附量可以根据吸附前后甲烯蓝溶液浓度的改变算出，甲烯蓝浓度可用比色法测定。已知 1 mg 甲烯蓝形成单分子层时覆盖的面积为 1.1 m^2，据此可算出根系的总吸收面积。从吸附饱和后再吸附的甲烯蓝的量，可算出根系的活跃吸收表面积，作为根系吸收活力的指标。

【材料、仪器与试剂】

1. 材料

植物根系。

2. 仪器及用具

分光光度计；移液管；烧杯。

3. 试剂

0.01 mg · mL^{-1} 甲烯蓝溶液；0.000 2 mol · L^{-1}（0.075 mg · mL^{-1}）甲烯蓝溶液。

【方法与步骤】

①甲烯蓝标准曲线的制作：用 0.01 mg · mL^{-1} 甲烯蓝溶液配成 1 μg · mL^{-1}、2 μg · mL^{-1}、3 μg · mL^{-1}、4 μg · mL^{-1}、5 μg · mL^{-1}、6 μg · mL^{-1} 的系列标准溶液（表 3-2），于 660 nm 处测定吸光度，以甲烯蓝浓度为横坐标，吸光度为纵坐标，绘制标准曲线。

表 3-2 甲烯蓝标准溶液配制的各试剂用量

试剂	管号					
	1	2	3	4	5	6
0.01 mg · mL^{-1} 甲烯蓝（mL）	1	2	3	4	5	6
蒸馏水（mL）	9	8	7	6	5	4
甲烯蓝浓度（μg · mL^{-1}）	1	2	3	4	5	6

②将待测的植物根系洗净沥干，浸在装有一定量水的量筒中，用排水法测定根系的体积（或用体积计测定）。

③将 0.000 2 mol・L^{-1}的甲烯蓝溶液（每毫升溶液中含 0.075 mg 甲烯蓝，为消除配制和比色误差，其含量需要重新比色测定）分别倒入 3 个小烧杯中，编号，每个烧杯中溶液体积约 10 倍于根系的体积。准确记下每个烧杯中的溶液量。

④将洗净的待测根系，用吸水纸小心吸干，然后依次浸入盛有甲烯蓝溶液的烧杯中，每杯中浸 1.5 min，注意每次取出时，都要使根上的甲烯蓝溶液流回到原杯中去。

⑤从 3 个小烧杯中各吸取甲烯蓝溶液 1 mL，用去离子水稀释 10 倍后，于 660 nm 处测定吸光度，根据标准曲线，查得各杯浸根后甲烯蓝的浓度。

【结果与计算】

①总吸收面积(m^2)$=[(c_1-c_1')\times V_1+(c_2-c_2')\times V_2]\times 1.1$

②活跃吸收面积(m^2)$=[(c_3-c_3')\times V_3]\times 1.1$

③活跃吸收面积(%)$=\dfrac{\text{根系活跃吸收面积}(m^2)}{\text{根系总吸收面积}(m^2)}$

④比表面积($m^2\cdot cm^{-3}$)$=\dfrac{\text{根系总吸收面积}(m^2)}{\text{根体积}(m^3)}$

式中：c 为杯未浸泡根系前的甲烯蓝浓度（mg・mL^{-1}）；c'为杯浸泡根系后的甲烯蓝浓度（mg・mL^{-1}）；V 为杯中的溶液量（mL）。

【参考文献】

[1] 高俊凤.植物生理学实验指导[M].北京：高等教育出版社，2006.

[2] 山东农学院，西北农学院.植物生理学实验指导[M].济南：山东科学技术出版社，1980.

【实验后思考题】

1. 在 TTC 法测定根系活力的过程中哪些环节容易产生误差？如何减少这些误差？

2. 在甲烯蓝法测定根系活力的过程中哪些环节容易产生误差？如何减少这些误差？

3. 在 TTC 法中，保温结束后加硫酸对实验结果有何影响？

实验二　伤流量的测定

把植物的地上部分切去，伤口处就会有液体流出，这种现象称为伤流，流出的液体为伤流液。伤流是根系主动吸水的表现,伤流量的多少除受土壤水分、温度、通气状况等外部因素影响外,还与植株健壮度、根系的发达程度及生命活动强弱等内部因素有密切关系。因此测定伤流量不仅可以了解植物的水分状况,而且对了解根系活力也具有重要意义。

【实验前思考题】

1. 影响植物伤流量的内、外因素有哪些?

2. 测定植物伤流量在农业生产上有什么意义?

【原理】

由于植物的根系存在主动吸水过程,在根系的导管中产生静水压力,即根压,在其作用下导管中的液体向地上部分运输,如果将地上部分切去,在伤口处就会有液体自动流出,即伤流液,因此可进行伤流液的收集。

一、容积法

【材料、仪器与试剂】

1. 材料

最好选用在田间种植的南瓜、丝瓜、玉米或向日葵等为实验材料,如果进行盆栽,应使用较大的盆。待南瓜、丝瓜茎粗 0.7~1.0 cm,向日葵茎粗 2 cm 左右,玉米拔节以后进行实验。

2. 仪器及用具

①粗细合适的软橡皮管(以能套在断茎上面不漏水为度),如果茎很粗,可用橡皮奶头代替橡皮管,在前端剪一小孔,以便插入引流玻璃管。

②引流玻璃管,用 10 cm 长厚壁毛细玻璃管,其外径应比橡皮管的内径稍大,在 4~5 cm 处弯成 60°角。

③单面刀片;20 mL 刻度试管或 50~100 mL 三角瓶。

【方法与步骤】

①在所选植株的茎基部(距地面 4~5 cm)处切断(以玉米为材料时在基部第一节间处切断,因为上部节间在腋芽一侧有一凹槽,伤流液容易由凹槽流出),在切口处套上橡皮管或橡皮奶头,橡皮管内灌满蒸馏水。引流管内也灌满水,堵住较长的一端,将较短的一端插入橡皮管或橡皮奶头前端的小孔中,注意不可在管中留有气泡,否则要重装。装好后用吸水纸将引流管外面的水吸干套上刻度试管。为了防止水分蒸发和外面污物进入管内,试管口应用塑料薄膜包扎,用时剪一小口将引流管插入。装好后开始计算时间。约 2 h 后(具体时间可据伤流量大小而定),取出引流管,根据刻度试管的刻度计算伤流量($mL \cdot h^{-1}$)。取试管时应使引流管外

面的液滴滴入试管中，但勿将管内伤流液挤出。如需连续测定伤流量，则更换新的刻度试管继续收集。

如果伤流液很多或者收集时间较长，可用 50 mL 或 100 mL 三角瓶代替刻度试管收集伤流液。

②室内盆栽的丝瓜、玉米等植物由于植株较瘦弱，伤流量少，可在茎基部切口处套上充满水的乳胶管，另一头接上刻度移液管（1～2 mL），使移液管呈水平状态，若乳胶管中有气泡可用微量注射器抽掉。装置装好后开始计算时间，记录管中液面变化，据此计算伤流量（$mL \cdot h^{-1}$）。

【参考文献】

刘微，朱小平，侯东军，等.丝瓜伤流量的测定[J].北方园艺，2011(9)：28-29.

二、重量法

【材料、仪器与试剂】

1. 材料

选用小麦、水稻或其他伤流量较少的植物为实验材料。

2. 仪器及用具

分析天平（灵敏度 1/10 000）；10 mL 平底指形管；脱脂棉；单面刀片；橡皮筋；塑料薄膜。

【方法与步骤】

①在指形管内填入松紧适度的干燥脱脂棉，占指形管容积的一半左右，管口封以塑料薄膜，用橡皮筋将塑料薄膜扎在指形管上，在天平上称重，记下重量。用刀片切去被测植株的地上部后，立即在指形管口塑料薄膜中央穿一小孔，将断茎穿过小孔，使切口紧密接触管内棉花，伤流液即流入棉花中。一定时间后取下指形管，擦净管外尘土和水汽，再在天平上称重，两次称重之差即为这段时间的伤流量。

指形管收集方法的缺点是：指形管与植物茎的直径常不一致，致使操作不便；或易有水分蒸发产生误差；伤流量很小时，由于指形管重量较大，影响测定精确度。

②针对指形管法的缺点，可根据所测植株茎直径制作大小合适的塑料薄膜套，套内放入少许脱脂棉，使脱脂棉表面（与茎秆切面接触处）平滑紧密，以免棉絮粘在切口表面，称重后将薄膜套套在茎切口上，使切口与脱脂棉接触，下面用线绑好。一定时间后取下塑料套袋，立即将口扎紧（以免蒸发失水）称重。前后两次重量之差就是伤流量。

如果量出茎切口面积，则可求出单位时间单位切口面积的伤流量。

【注意事项】

1. 无论用哪种收集方法测定伤流量，都应当避免日光直晒收集装置。否则伤流液将蒸发损失而影响结果的准确性，特别是伤流量少时影响更大。

2. 脱脂棉常常含有未洗净的水溶性成分如氨基酸及某些矿物质等，且对溶质有一定吸附能力，当需要测定伤流液成分时，脱脂棉可能会对实验结果有干扰。为避免这一缺陷，可用多孔软泡沫塑料代替脱脂棉，既能大量吸收伤流液又易用水洗净，不会影响伤流液成分。

3. 对于有分蘖的作物如小麦、水稻等，测定伤流量时应将植株全部分蘖都剪去，收集所有断茎的伤流液，求整株伤流量或单茎平均值或只收集其中一部分分蘖的伤流液，但不可以留一部分分蘖不剪，因为这部分带叶的分蘖可能大量蒸腾水分而使其他被剪的分蘖伤流量减少，甚至完全没有伤流现象。

【参考文献】

[1] 高新一.伤流量测定的改进方法[J].植物生理学通讯，1965，2：44.

[2] 金成忠，许德盛.作为根系活力指标的伤流液简易收集法[J].植物生理学通讯，1959，4：51-53.

【实验后思考题】

1. 用伤流量来判断根系活力，与其他确定根系活力的方法相比，有何优缺点？

2. 在 TTC 法中，保温结束后加硫酸与否对实验结果有何影响？

实验三　硝酸还原酶活性的测定

硝酸还原酶是植物氮代谢的关键性酶，广泛地存在于高等植物的根、茎、叶等组织中。硝酸还原酶是一种诱导酶，其活性表达受硝酸盐的诱导。本实验利用磺酸比色法测定硝酸还原酶活性。

【实验前思考题】

1. 在植物体内硝酸是通过何种途径还原为氨的？

2. 白天和夜晚硝酸还原速度是否相同？为什么？

【原理】

硝酸还原酶(NR)催化植物体内的硝酸盐还原为亚硝酸盐：

$$NO_3^- + NADH + H^+ \xrightarrow{NR} NO_2^- + NAD^+ + H_2O$$

产生的 NO_2^- 可从植物组织中渗透到外界溶液中，并在溶液中积累。测定反

应体系中 NO_2^- 的产生数量，即可反映酶活性的大小。亚硝酸盐与对-氨基苯磺酸（或对-氨基苯磺酰胺）及 α-萘胺（或萘基乙烯二胺）在酸性条件下定量生成红色偶氮化合物，其在 520 nm 波长下有最大吸收峰，可用分光光度计测定。

一、活体法

【材料、仪器与试剂】

1. 材料

植物叶片。

2. 仪器及用具

分光光度计；真空抽气泵（或注射器）；真空干燥器；天平；打孔器；保温箱（或恒温水浴）；三角瓶；试管；烧杯；移液管。

3. 试剂

①5 $\mu g \cdot mL^{-1}$ 的亚硝酸钠溶液：称取 $NaNO_2$ 0.1 g 蒸馏水溶解后定容至 100 mL，然后吸取 5 mL 再用蒸馏水稀释定容至 1 000 mL。

②0.1 $mol \cdot L^{-1}$ pH 7.5 的磷酸缓冲液：称取 K_2HPO_4 19.24 g、KH_2PO_4 2.2 g，加水溶解后定容至 1 000 mL。

③1 %(*W*/*V*)对-氨基苯磺酸溶液：称取 1.0 g 加入到 25 mL 浓 HCl 中，用蒸馏水定容至 100 mL。

④0.2 %(*W*/*V*)α-萘胺溶液：称取 0.2 g α-萘胺溶于含 1 mL 浓 HCl 的蒸馏水中，稀释至 100 mL。

⑤0.2 $mol \cdot L^{-1}$ KNO_3：称 20.22 g KNO_3 蒸馏水定容至 1 000 mL。

【方法与步骤】

1. 标准曲线制作

取 7 支洁净烘干的 20 mL 刻度试管编号，按表 3-3 顺序加入试剂（配成 0～10 μg 的亚硝酸盐系列标准溶液），每加一种试剂即摇匀，将试管在 30℃保温箱或恒温水浴中保温 30 min，然后在 540 nm 波长下以 1 号管作空白对照，比色。以亚硝酸盐含量（μg）为横坐标，吸光度值为纵坐标绘制标准曲线或建立回归方程。

表 3-3 亚硝酸钠标准溶液配制的各试剂用量

试剂	管号						
	1	2	3	4	5	6	7
5 $\mu g \cdot mL^{-1}$ 亚硝酸钠液(mL)	0	0.2	0.4	0.8	1.2	1.6	2.0

续表3-3

试剂	管号						
	1	2	3	4	5	6	7
蒸馏水(mL)	2.0	1.8	1.6	1.2	0.8	0.4	0
1%对-氨基苯磺酸(mL)	4	4	4	4	4	4	4
0.2%α-萘胺(mL)	4	4	4	4	4	4	4
每管含 $NaNO_2$(μg)	0	1	2	4	6	8	10

2. 酶反应和酶活性测定

①取样：将材料洗净，用蒸馏水冲洗，滤纸吸干。在叶片中部打取直径 1 cm 的圆片(或剪成 0.5～1.0 cm^2 的小块)，混匀后每个样品称 0.5～1 g 4 份，分别放入 4 支试管，并编号。

②反应：向各试管加入 KNO_3-异丙醇-磷酸缓冲液混合液 9 mL，其中两管立即加 1 mL 三氯乙酸混匀作对照。然后将所有试管置真空干燥器中接真空泵抽气，反复几次直至叶片沉在管底。将各试管置 30℃下于黑暗处保温 30 min，分别向处理管加 1 mL 三氯乙酸，立即摇匀终止酶反应。

③比色：将各试管静置 2 min，吸取上清液 2 mL 加入另一组 20 mL 试管中，再分别加入 4 mL 1%对-氨基苯磺酸，4 mL 0.2%α-萘胺，混匀，30℃保温 30 min，以标准曲线 1 号管作空白对照，测定各管的吸光度，从标准曲线上查出亚硝酸盐含量(μg)，代入公式计算出硝酸还原酶活性。

【结果与计算】

$$\text{硝酸还原酶活性}(NaNO_2\,\mu g \cdot g^{-1} \cdot h^{-1}) = \frac{(c_1 - c_2) \times V_1}{V_2 \times W \times t}$$

式中：c_1 为反应管从标准曲线上查得的亚硝酸钠量(μg/2 mL)；c_2 为对照管从标准曲线上查得的亚硝酸钠量(μg/2 mL)；V_1 为酶反应液总体积(10 mL)；V_2 为显色系统中加入的酶反应液量(2 mL)；W 为样品重量(g)；t 为反应时间(h)。

【参考文献】

[1] 张志良，瞿伟菁，李小芳.植物生理学实验指导[M].4 版.北京：高等教育出版社，2009.

[2] 李忠光，龚明.磺胺比色法测定植物组织硝酸还原酶活性的改进[J].植物生理学通讯，2009,45(1):67-68.

[3] Ying D U, Zilong WANG. Dynamic Changes of Nitrate Reductase Activity within 24 Hours [J]. Agricultural Science & Technology, 2012, 13(11): 2284-2286.

二、离体法

【材料、仪器与试剂】

1. 材料

植物叶片。

2. 仪器及用具

分光光度计;冷冻离心机;天平;纱布、研钵;石英砂;刀片;试管;移液管。

3. 试剂

①0.025 mol·L^{-1} pH 8.7 的磷酸缓冲液:8.864 0 g $Na_2HPO_4·12H_2O$, 0.057 0 g $K_2HPO_4·3H_2O$ 溶于 1 000 mL 蒸馏水中。

②提取缓冲液:将 0.121 1 g 半胱氨酸和 0.037 2 g EDTA 溶于 100 mL 0.025 mol·L^{-1} pH 8.7 的磷酸缓冲液中。

③0.1 mol·L^{-1} KNO_3 溶液:称 10.11 g KNO_3 溶于 1 000 mL 磷酸缓冲液中。

④2 mg·mL^{-1} NADH 溶液:称 2 mg NADH 溶于 1 mL 蒸馏水中。

⑤对-氨基苯磺酸溶液和 α-萘胺溶液的配制见活体法。

【方法与步骤】

①标准曲线制作:见活体法。

②酶液提取:将材料洗净,用蒸馏水冲洗,滤纸吸干。用刀片切成小片,称取 0.5 g 左右于研钵中,冷冻 30 min 后,加入少量石英砂和 2 mL 提取液研磨成匀浆,纱布过滤匀浆后,冷冻离心(0~4℃,4 000 r/min, 20 min),上清液即为酶的粗提取液。

③NO_2^- 含量测定:取酶粗提液 0.2 mL 于试管中,加 0.5 mL KNO_3 溶液和 0.3 mL NADH 溶液,混匀,25℃保温 30 min 后,立即加入对-氨基苯磺酸溶液 2 mL 及 α-萘胺溶液 2 mL,混合摇匀,静置 15 min,用分光光度计在 520 nm 波长下,以不加 NADH(加入 0.3 mL 水)为对照进行比色,从标准曲线上读出 NO_2^- 质量浓度,计算硝酸还原酶活性,以每小时每克鲜重产生的 NO_2^- (μg)表示。结果计算见活体法。

【注意事项】

1. 硝酸盐还原过程应在黑暗中进行,以防止亚硝酸盐被还原为氨。

2. 取样前材料应照光 3 h 以上，大田取样在上午 9 时后为宜，阴雨天不宜取样。取样部位尽量一致。

3. 配好的 KNO_3 磷酸缓冲液应密闭低温保存，否则易滋生微生物，将 NO_3^- 还原，使对照吸光度偏高。

4. 从显色到比色时间要一致，过短过长都会影响吸光度。

【参考文献】

[1] 王学颖，韩士里，郭守华.苹果叶片硝酸还原酶活性测定体系的优化研究[J].北方园艺，2010(6)：52-55.

[2] 陶懿伟，史益敏.硝酸还原酶活性测定实验中的植物材料选择研究[J].上海交通大学学报：农业科学版，2004，2(24)：185-187.

[3] 陈薇，张德颐.植物组织中硝酸还原酶的提取、测定和纯化[J].植物生理学通讯，1980(4)：45-49.

【实验后思考题】

1. 测定硝酸还原酶的材料取样前为什么需要一定时间的光照？

2. 本实验中，影响测定结果的最大因素是什么？应如何注意？

3. 比较活体和离体测定的优缺点是什么？

实验四　植物组织硝态氮含量的测定

高等植物根系吸收的无机氮素主要是硝态氮和铵态氮。硝态氮是植物根系吸收的主要含氮物质之一，可以通过木质部转移到地上部，贮藏在根细胞液泡，在根部被同化为氨基酸，也可以进入到细胞间隙。植物体内硝态氮的含量往往能在一定程度上反映土壤中硝态氮的供应情况，所以测定植物体内硝态氮含量变化对了解其土壤中无机氮素的丰缺具有重要意义，另外，测定植物体内硝态氮含量变化有助于了解氮代谢机制。

【实验前思考题】

1. 测定植物组织硝态氮含量有什么生理意义？

2. 试述植物体内的氮利用方式。

【原理】

硝酸根还原成亚硝酸根后，与对-氨基苯磺酸和 α-萘胺结合，形成玫瑰红色的偶氮染料，其颜色深浅与氮含量在一定范围内成正比关系。

【材料、仪器与试剂】

1. 材料

新鲜植物材料。

2. 仪器及用具

分光光度计;离心机;研钵;容量瓶;移液管。

3. 试剂

①混合粉剂配法:硫酸钡 100 g、α-萘胺 2 g、锌粉 2 g、对-氨基苯磺酸 4 g、硫酸锰 10 g、柠檬酸 75 g。

②20%醋酸溶液(V/V):取 20 mL 冰醋酸加 80 mL 蒸馏水。

③KNO_3 标准液:称 0.180 6 g KNO_3 蒸馏水定容至 1 000 mL。

【方法与步骤】

①标准曲线制作:分别吸取 KNO_3 标准液 0 $\mu g \cdot mL^{-1}$、2 $\mu g \cdot mL^{-1}$、4 $\mu g \cdot mL^{-1}$、6 $\mu g \cdot mL^{-1}$、8 $\mu g \cdot mL^{-1}$、10 $\mu g \cdot mL^{-1}$ 各 2 mL 于 6 个容量瓶中,编号后各加入冰醋酸溶液 18 mL,再加入混合粉剂 0.4 g,剧烈摇动 1 min,静置 10 min,将容量瓶中悬浊液过滤倒入离心管中(使部分流出管外),白色粉膜即可去除。离心(4 000 $r \cdot min^{-1}$,5 min),分光光度计于 520 nm 处比色,记录 OD 值,并绘制标准曲线。

②硝态氮含量测定:取植物材料 1 g,蒸馏水洗净,滤纸吸干,剪碎后在研钵中用少量蒸馏水研磨,然后容量瓶定容至 20 mL,振荡 1~3 min,放置,澄清后,取上清液 2 mL,再按照上述标准曲线方法测定硝态氮含量,代入公式进行计算。

【结果与计算】

$$\text{硝态氮含量}(\mu g \cdot g^{-1}) = \rho \cdot V$$

式中:ρ 为标准曲线上查得的组织提取液所含硝态氮的质量浓度,单位是 $\mu g \cdot mL^{-1}$;V 为 1 g 植物组织所制备的提取液总体积,单位是 mL。

【注意事项】

硫酸钡应事先用去离子水洗去杂质,烘干。上述各试剂分别研细,再分别用等分的硫酸钡和其他各试剂混合成无颗粒状灰白色的均匀体,粉剂宜在黑暗干燥条件中保贮,7 d 后方可使用。

【参考文献】

[1] 张志良,瞿伟菁,李小芳.植物生理学实验指导[M].4 版,北京:高等教育出版社,2009.

[2] 中国科学院上海植物生理研究所,上海植物生理学会.现代植物生理学实

验指南[M].北京:科学出版社,1999.

【实验后思考题】

1. 新、老植物组织中硝态氮含量有何差异?

2. 植物不同部位硝态氮含量有何差异?

实验五 溶液培养和缺素培养

植物正常生长发育需要多种矿质元素。但要确定各种元素是否为植物所必需,必须借助无土培养法(溶液培养或砂基培养法)才能解决。近年来,无土栽培不仅是一种研究手段,而且成为新的生产方式,在蔬菜、花卉生产中开始大规模应用。本实验学习溶液培养的技术,并证明氮、磷、钾、钙、镁、铁诸元素对植物生长发育的重要性。

【原理】

用植物必需的矿质元素按一定比例配成培养液来培养植物,可使植物正常生长发育,如缺少某一必需元素,则会表现出缺素症;将所缺元素加入培养液中,缺素症状又可逐渐消失。

【材料、仪器与试剂】

1. 材料

活力高的玉米(或番茄)种子。

2. 仪器及用具

25 mL、500 mL 烧杯;1 mL、5 mL 移液管;1 000 mL 量筒;培养瓶(也可用600~1 000 mL 塑料广口瓶或瓷质、玻璃质培养缸);黑色蜡光纸或报纸;塑料纱网纱布(15 cm×15 cm);pH 5.4~7 精密 pH 试纸;带盖搪瓷盘;石英砂适量;陶质花盆;500 mL 试剂瓶。

3. 试剂

硝酸钾;硫酸镁;磷酸二氢钾;硫酸钾;硫酸钠;磷酸二氢钠;硝酸钠;硝酸钙;氯化钙;硫酸亚铁;硼酸;氯化锰;硫酸铜;硫酸锌;钼酸;盐酸;乙二胺四乙酸二钠。

①配制大量元素及铁贮备液:用蒸馏水按表 3-4 配制。

②微量元素贮备液:称取 H_3BO_3 2.86 g,$MnCl_2 \cdot 4H_2O$ 1.81 g,$CuSO_4 \cdot 5H_2O$ 0.08 g,$ZnSO_4 \cdot 7H_2O$ 0.22 g,$H_2MoO_4 \cdot H_2O$ 0.09 g,上述药品分别溶解后用蒸馏水定容于 1 L 容量瓶中。

表 3-4　大量元素贮备液配制表

矿质盐	浓度($g \cdot L^{-1}$)
$Ca(NO_3)_2 \cdot 4H_2O$	236.0
KNO_3	102.0
$MgSO_4 \cdot 7H_2O$	98.0
KH_2PO_4	27.0
K_2SO_4	88.0
$CaCl_2$	111.0
NaH_2PO_4	24.0
$NaNO_3$	170.0
Na_2SO_4	21.0
EDTA-Fe { EDTA-Na_2	7.45
EDTA-Fe { $FeSO_4 \cdot 7H_2O$	5.57

注：EDTA-Fe 的配制，将 EDTA-Na_2 和硫酸亚铁分别溶解，然后混合在一起煮沸，用蒸馏水定容至 1 000 mL。

③完全培养液或缺乏某元素的培养液：再按表 3-5 用蒸馏水配成完全培养液或缺乏某元素的培养液。调节 pH 至 5.5～5.8。

表 3-5　完全培养液和各种缺素培养液配制表

[每 100 mL 培养液各种贮备液的用量(mL)]

贮备液	完全	缺 N	缺 P	缺 K	缺 Ca	缺 Mg	缺 Fe
$Ca(NO_3)_2$	0.5		0.5	0.5		0.5	0.5
KNO_3	0.5		0.5		0.5	0.5	0.5
$MgSO_4$	0.5	0.5	0.5	0.5	0.5		0.5
KH_2PO_4	0.5	0.5			0.5	0.5	0.5
K_2SO_4		0.5	0.1				
$CaCl_2$		0.5					
NaH_2PO_4				0.5			
$NaNO_3$				0.5	0.5		
Na_2SO_4						0.5	
EDTA-Fe	0.5	0.5	0.5	0.5	0.5	0.5	
微量元素	0.1	0.1	0.1	0.1	0.1	0.1	0.1

注：蒸馏水的电导率不能超过 40 $\mu\Omega^{-1}$，否则影响实验效果。

【方法与步骤】

1. 用搪瓷盘装入一定量的石英砂或洁净的河砂，将已浸种一夜的玉米（或番茄）等种子均匀地排列在砂面上，再覆盖一层石英砂，保持湿润，然后放置在温暖处发芽。第一片真叶完全展开后，选择生长一致的幼苗，小心地移植到各种缺素培养液中。移植时注意勿损伤根系。

2. 取 7 个 600～1 000 mL 塑料广口瓶，分别装入配制的完全培养液及各种缺素培养液 600～900 mL，贴上标签，写明日期。然后用黑色蜡光纸或黑纸将各瓶包起来（黑面向里），或用报纸包三层，用纸壳或 0.3 mm 的橡胶垫做成瓶盖，并用打孔器在瓶盖中间打一圈孔，把选好的植株去掉胚乳，并用棉花缠裹住根基部，小心地通过圆孔固定在瓶盖上，使整个根系浸入培养液中，装好后将培养瓶放在阳光充足、温度适宜（20～25℃）的地方，培养 3～4 周。

3. 实验开始 1 周后，开始观察。并用精密 pH 试纸检查培养液的 pH，如高于 6，应用稀盐酸调整到 5～6。为了使根系氧气充足，每天定时向培养液中充气，或在盖与溶液间保留一定空隙，以利于通气。培养液每隔一周需更换一次。记录缺乏必需元素时所表现的症状和最先出现症状的部位。待各缺素培养液中的幼苗表现出明显症状后，可把缺素培养液一律更换为完全培养液，观察症状逐渐消失情况，并记录结果。

【参考文献】

[1] 张志良，瞿伟菁，李小芳. 植物生理学实验指导[M]. 4 版. 北京：高等教育出版社，2009.

[2] Meider H. Class Experiments in Plant Physiology[M]. London: George Allen and Unwin Ltd., 1984.

【实验后思考题】

1. 为什么说无土培养是研究矿质营养的重要方法？

2. 进行溶液培养或砂基培养有时会失败，主要原因何在？

第四章　植物的光合作用

光合作用由原初反应、同化力形成和碳同化 3 个主要阶段组成。原初反应是叶绿素对光能的吸收与转换过程，可以从叶绿素的荧光现象和延迟发光特性入手进行研究；同化力（ATP 和 NADPH）的形成主要与类囊体膜的特性有关；光合作用的碳同化受环境条件、叶片形态结构以及酶活性等多种因素影响。光合作用及其有关过程的研究，是植物生理学实验的重要组成部分。随着光合作用的研究进展，其研究技术的水平也在不断提高，方法和手段也越来越多。人们既可测定单叶的光合作用，也可测定整株或群体的光合作用。近年来，结合植物微气候条件所进行的光合生理生态研究，对于阐述植物的光合生产能力及其与环境条件的关系，提供了十分有价值的数据。

本章主要介绍光合色素的分离和定量测定、光合速率、RuBP 羧化酶和 PEP 羧化酶活性和叶绿素荧光的测定方法。

实验一　叶绿体色素的提取、分离、理化性质和定量测定

高等植物的光合色素包括叶绿素和类胡萝卜素两大类。它们排列在类囊体膜上，起吸收、传递光能及将光能转换为电能的作用。本实验学习叶绿体色素的提取、分离、理化性质及定量测定方法。

【实验前思考题】

1. 高等植物的光合色素有哪些？它们的理化性质如何？
2. 很多绿色植物的叶片到了秋天变成红色或黄色，为什么？

一、叶绿体色素的提取与分离

【原理】

叶绿体中含有叶绿素（包括叶绿素 a 和叶绿素 b）和类胡萝卜素（包括胡萝卜

素和叶黄素)两大类。它们与类囊体膜上的蛋白质相结合,形成色素蛋白复合体。这两类光合色素都不溶于水,而溶于有机溶剂,故可用乙醇或丙酮等有机溶剂提取。提取液可用层析法加以分离。因吸附剂对不同物质的吸附力不同,当用适当的溶剂展开时,混合物中各成分在两相(流动相和固定相)间具有不同的分配系数,所以它们的移动速度不同,经过一定时间层析后,便可将混合色素分离。

【材料、仪器与试剂】

1. 材料

新鲜的菠菜(芹菜、油菜或其他植物)叶片。

2. 仪器与用具

研钵;漏斗;100 mL 三角瓶;玻璃棒;剪刀;滴管;直径 11 cm 培养皿;康维皿或平底短玻管(也可用塑料药瓶盖代替);直径 11 cm 圆形滤纸;滤纸条(5 cm×1.5 cm)。

3. 试剂

95%乙醇;石英砂;碳酸钙粉;展开剂:按石油醚∶丙酮∶苯(10∶2∶1)比例(体积比)配制。

【方法与步骤】

1. 叶绿体色素的提取

①取菠菜或其他植物新鲜叶片 4～5 片(2 g 左右),洗净,擦干,去掉中脉剪碎,放入研钵中。

②研钵中加入少量石英砂及碳酸钙粉,加 2～3 mL 95%乙醇,研磨至糊状,再加 10～15 mL 95%乙醇,提取 3～5 min,上清液过滤于三角瓶中,残渣用 10 mL 95%乙醇冲洗,一同过滤于三角瓶中。

如无新鲜叶片,也可用事先制好的叶干粉提取。取新鲜叶片(以菠菜叶最好),先用 105℃杀青,再在 80℃下烘干,研成粉末,密闭贮存。用时称叶粉 1 g 放入小烧杯中,加 95%乙醇 20～30 mL 浸提,并随时搅动。待乙醇呈深绿色时,滤出浸提液备用。

③另取一研钵,放入剪碎的新鲜叶片,放入少量石英砂(不加碳酸钙粉),用水研磨。先加 2 mL 蒸馏水,研磨至糊状,再加蒸馏水 30 mL,搅匀,不过滤。用于后面的叶绿体色素理化性质测定实验。

2. 叶绿体色素的分离

①取圆形定性滤纸一张(直径 11 cm),在其中心戳一圆形小孔(直径约 3 mm)。另取一张滤纸条(5 cm×1.5 cm),用滴管吸取乙醇叶绿体色素提取液沿纸条的长度方向涂在纸条的一边,使色素扩散的宽度限制在 0.5 cm 以内,风干后,

再重复操作数次，然后沿长度方向卷成纸捻，使浸过叶绿体色素溶液的一侧刚好在纸捻的一端。

②将纸捻带有色素的一端插入圆形滤纸的小孔中，使其与滤纸刚刚平齐（勿凸出）。

③在培养皿内放一康维皿（或平底短玻管，或塑料药瓶盖，或微烧杯以盛装展开剂），在康维皿中央小室中加入适量的展开剂，把带有纸捻的圆形滤纸平放在康维皿上，使纸捻下端浸入展开剂中。迅速盖好培养皿。此时，展开剂借毛细管引力顺纸捻扩散至圆形滤纸上，并把叶绿体色素向四周推动，不久即可看到各种色素的同心圆环。

④当展开剂前沿接近滤纸边缘时，取出滤纸，风干，即可看到分离的各种色素：叶绿素 a 为蓝绿色，叶绿素 b 为黄绿色，叶黄素为鲜黄色，胡萝卜素为橙黄色。

【结果】

用铅笔标出各种色素的位置和名称。

【注意事项】

分离色素用的圆形滤纸，在中心打的小圆孔，周围必须整齐，否则分离的色素不是一个同心圆。

【参考文献】

[1] 张秀君，孙钱钱，乔双，等.菠菜叶绿素提取方法的比较研究[J].作物杂志，2011(3):57-60.

[2] 沈伟其.测定水稻叶片叶绿素含量的混合提取法[J].植物生理学通讯，1988(3):62-64.

[3] 苏正淑，张宪政.几种测定植物叶绿素含量的方法比较[J].植物生理学通讯，1989(5): 77-78.

二、叶绿体色素的理化性质

【原理】

叶绿素是一种二羧酸——叶绿酸与甲醇和叶绿醇形成的酯，故可与碱起皂化反应而生成醇（甲醇和叶绿醇）和叶绿酸的盐，产生的盐能溶于水中，可用此法将叶绿素与类胡萝卜素分开。叶绿素与类胡萝卜素都具有光学活性，表现出一定的吸收光谱，可用分光镜检查或用分光光度计精确测定。叶绿素吸收光量子而转变成激发态，激发态的叶绿素分子很不稳定，当它回到基态时可发射出红光量子，因而产生荧光。叶绿素的化学性质很不稳定，容易受强光破坏，特别是当叶绿素与蛋白质分离以后，破坏更快，而类胡萝卜素则较稳定。叶绿素中的镁可以被 H^+ 取代而成为褐色的去镁叶绿素，后者遇铜则成为绿色的铜代叶绿素，铜代叶绿素很稳定，在光下不易被破坏，故常用此法制作绿色多汁植物的浸渍标本。

皂化反应式如下：

$$C_{32}H_{30}ON_4Mg\begin{cases}COOCH_3\\COOC_{20}H_{39}\end{cases} + 2KOH \longrightarrow C_{32}H_{30}ON_4Mg\begin{cases}COOK\\COOK\end{cases} + CH_3OH + C_{20}H_{39}OH$$

叶绿素　　　　皂化叶绿素　　　　甲醇　　叶绿醇

【仪器与试剂】

1. 仪器与用具

20 mL 刻度试管；10 mL 小试管；试管架；分光镜；石棉网；100 mL 烧杯；酒精灯；铁三角架；2 mL、5 mL 刻度吸量管；火柴。

2. 试剂

①95%乙醇；苯；醋酸铜粉末；5%的稀盐酸。

②醋酸-醋酸铜溶液：6 g 醋酸酮溶于 100 mL 50%的醋酸中，再加蒸馏水 4 倍稀释而成。

③KOH-甲醇溶液：20 g KOH 溶于 100 mL 甲醇中，过滤后盛于塞有橡皮塞的试剂瓶中。

【方法与步骤】

用本实验一中提取的叶绿体色素乙醇溶液和水研磨匀浆，进行以下实验。

1. 光对叶绿素的破坏作用

①取 4 支小试管，其中 2 支各加入 5 mL 用水研磨的叶片匀浆，另外 2 支各加入 2.5 mL 叶绿体色素乙醇提取液和 2.5 mL 95%乙醇。

②取 1 支装有叶绿素乙醇提取液的试管和 1 支装有水研磨叶片匀浆的试管，放在直射光下，另外 2 支放到暗处，40 min 后对比观察颜色有何变化，解释其原因。

2. 荧光现象的观察

取 1 支 20 mL 刻度试管加入 5 mL 叶绿体色素乙醇提取液，在直射光下观察溶液的透射光与反射光颜色有何不同？解释原因。

3. 皂化作用(叶绿素与类胡萝卜素的分离)

①在做过荧光现象观察的叶绿体色素乙醇提取液试管中加入 1.5 mL 20% KOH-甲醇溶液，充分摇匀。

②片刻后，加入 5 mL 苯，摇匀，再沿试管壁慢慢加入 1～1.5 mL 蒸馏水，轻轻

混匀(勿剧烈摇荡),于试管架上静置分层。若溶液不分层,则用滴管吸取蒸馏水,沿管壁滴加,边滴加边摇动,直到溶液开始分层时,静置。可以看到溶液逐渐分为两层,下层是稀的乙醇溶液,其中溶有皂化的叶绿素 a 和叶绿素 b(以及少量的叶黄素);上层是苯溶液,其中溶有黄色的胡萝卜素和叶黄素。

4. 吸收光谱的观察

取上述已分层的溶液,用分光镜观察两类色素的吸收光谱,首先让下层绿色色素部分对准进光孔,看光谱有何变化;然后再将上层黄色色素溶液对准进光孔,看光谱又有何变化。把观察的结果用简单的图表示出来。

5. H^{+} 和 Cu^{2+} 对叶绿素分子中 Mg^{2+} 的取代作用

方法一 取 2 支试管,第 1 支试管加入叶绿体色素提取液 2 mL,作为对照。第 2 支试管中加叶绿体色素提取液 5 mL,再加入 5%HCl 数滴,摇匀,观察溶液颜色变化。当溶液变褐后,再加入少量醋酸铜粉末,微微加热,观察记录溶液颜色变化情况,并与对照试管相比较。解释其颜色变化原因。

方法二 另取醋酸-醋酸铜溶液 20 mL,以烧杯盛之。取新鲜植物叶片 2 片,放入烧杯中,用酒精灯慢慢加热,随时观察并记录叶片颜色的变化,直至颜色不再变化为止。解释原因。

【注意事项】

在低温下发生皂化反应的叶绿体色素溶液,易乳化而出现白絮状物,溶液混浊,且不分层。可剧烈摇匀,放在 30～40℃的水浴中加热,溶液很快分层,絮状物消失,溶液变得清澈透明。

【参考文献】

[1] 吕福梅,沈向,王东生,等.紫叶矮樱叶片色素性质及其光合特性研究[J].中国农学通报,2005,21(2):225-228.

[2] Bruuinsma J. The quantitative analysis of chlorophylls a and b in plant extracts[J]. Photochemistry and photobiology,1963,2:241-249.

三、叶绿体色素的定量测定

【原理】

根据叶绿体色素提取液对可见光谱的吸收,利用分光光度计在某一特定波长下测定其吸光度,即可用公式计算出提取液中各种色素的含量。

根据朗伯-比尔定律,有色溶液的吸光度(A)与其中溶质浓度(c)和液层厚度(L)成正比,即 $A=k\times c\times L$。式中的 k 为比例常数。当溶液浓度以百分浓度为单位,液层厚度为 1 cm 时,k 为该物质的比吸收系数。各种有色物质溶液在不同波长下的比吸收系数可通过测定已知浓度的纯物质在不同波长下的吸光度而求得。

如果溶液中含有数种吸光物质,则此混合液在某一波长下的吸光度等于各组分在相应波长下吸光度的总和,这就是吸光度的加和性。若测定叶绿体色素混合提取液中叶绿素 a、叶绿素 b 和类胡萝卜素的含量,只需测定该提取液在三个特定波长下的吸光度 A,并根据叶绿素 a、叶绿素 b 及类胡萝卜素在该波长下的比吸收系数即可求出其浓度。在测定叶绿素 a、叶绿素 b 时为了排除类胡萝卜素的干扰,所用单色光的波长选择叶绿素在红光区的最大吸收峰。

已知叶绿素 a、叶绿素 b 的 80%丙酮提取液在红光区的最大吸收峰分别为 663 nm 和 645 nm,又知在波长 663 nm 下,叶绿素 a、叶绿素 b 在该溶液中的比吸收系数分别为 82.04 和 9.27,在波长 645 nm 下分别为 16.75 和 45.60,可根据加和性原则列出以下关系式:

$$A_{633} = 82.04c_a + 9.27c_b \quad (1)$$

$$A_{645} = 16.75c_a + 45.60c_b \quad (2)$$

式(1)、式(2)中的 A_{663} 和 A_{645} 为叶绿素溶液在波长 663 nm 和 645 nm 时的吸光度,c_a、c_b 分别为叶绿素 a 和叶绿素 b 的浓度,单位为 $g \cdot L^{-1}$。解方程组(1)、(2),得:

$$c_a = 12.72A_{663} - 2.59A_{645} \quad (3)$$

$$c_b = 22.88A_{645} - 4.67A_{663} \quad (4)$$

式中:c_a、c_b 分别为叶绿素 a 和叶绿素 b 的浓度,单位为 $mg \cdot L^{-1}$。将 c_a 与 c_b 相加即得叶绿素总浓度(c_t,$mg \cdot L^{-1}$):

$$c_t = c_a + c_b = 20.29A_{645} + 8.05A_{663} \quad (5)$$

另外,由于叶绿素 a、叶绿素 b 在 652 nm 的吸收峰相交,两者有相同的比吸收系数(均为 34.5),也可以在此波长下测定一次吸光度(A_{652})而求出叶绿素 a、叶绿素 b 总浓度:

$$c_t = (A_{652} \times 1\,000)/34.5 \quad (6)$$

在有叶绿素存在的条件下,用分光光度法也可同时测定出溶液中类胡萝卜素的含量。

Lichtenthaler 等对 Arnon 公式进行了修正,提出了 80%丙酮提取液中三种色素含量的计算公式:

$$c_{a}=12.21A_{663}-2.81A_{646} \quad (7)$$

$$c_{b}=20.13A_{646}-5.03A_{663} \quad (8)$$

$$c_{x \cdot c}=(1\,000A_{470}-3.27c_{a}-104c_{b})/229 \quad (9)$$

式中：$c_{x \cdot c}$为类胡萝卜素的总浓度，单位为 $mg \cdot L^{-1}$；A_{663}、A_{646}和 A_{470}分别为叶绿体色素提取液在波长 663 nm、646 nm 和 470 nm 下的吸光度。

由于叶绿体色素在不同溶剂中的吸收光谱和比吸收系数有差异，因此，在使用其他溶剂提取色素时，计算公式也有所不同。叶绿素 a、叶绿素 b 在 96％乙醇中最大吸收峰的波长分别为 665 nm 和 649 nm，类胡萝卜素为 470 nm，可据此列出以下关系式：

$$c_{a}=13.95A_{665}-6.88A_{649} \quad (10)$$

$$c_{b}=24.96A_{649}-7.32A_{665} \quad (11)$$

$$c_{x \cdot c}=(1\,000A_{470}-2.05c_{a}-114.8c_{b})/245 \quad (12)$$

【仪器与试剂】

1. 仪器与用具

分光光度计；研钵；剪刀；玻棒；25 mL 棕色容量瓶；小漏斗；直径 7 cm 定量滤纸；吸水纸；擦镜纸；滴管；电子顶载天平（灵敏度 1/100）；

2. 试剂

96％乙醇（或 80％丙酮）；石英砂；碳酸钙粉。

【方法与步骤】

1. 取新鲜植物叶片（或其他绿色组织）或干材料，擦净组织表面污物，剪碎（去掉中脉），混匀。

2. 称取剪碎的新鲜样品 0.2 g，共 3 份，分别放入研钵中，加少量石英砂和碳酸钙粉及 2～3 mL 96％乙醇（或 80％丙酮）研成匀浆，再加 96％乙醇（或 80％丙酮）10 mL，继续研磨至组织变白，静置 3～5 min。

3. 取滤纸 1 张，置漏斗中，用 96％乙醇湿润，沿玻棒把提取液倒入漏斗中，过滤到 25 mL 棕色容量瓶中，用少量乙醇冲洗研钵、研棒及残渣数次，最后连同残渣一起倒入漏斗中。

4. 用滴管吸取 96％乙醇，将滤纸上的叶绿体色素全部洗入容量瓶中。直至滤纸和残渣中无绿色为止。最后用 96％乙醇定容至 25 mL，摇匀。

5. 把叶绿体色素提取液倒入比色杯内。以 96％乙醇为空白，在波长 665 nm、649 nm 和 470 nm 下测定吸光度。

【结果与计算】

1. 按式(10)、式(11)、式(12)(如用80%丙酮,则按式(7)、式(8)、式(9))分别计算叶绿素a、叶绿素b和类胡萝卜素的浓度($mg \cdot L^{-1}$),式(10)、式(11)相加即得叶绿素总浓度。

2. 求得色素的浓度后再按下式计算组织中各色素的含量,用$mg \cdot g^{-1}$鲜重或干重表示

$$叶绿体色素含量(mg \cdot g^{-1}) = \frac{c \times V \times n}{W}$$

式中:c为色素的浓度($mg \cdot L^{-1}$);V为取液体积(L);n为稀释倍数;W为样品鲜重(或干重)(g)。

【注意事项】

1. 为了避免叶绿素的光分解,操作时应在弱光下进行,研磨时间应尽量短些。

2. 叶绿体色素提取液混浊影响比色结果。因此,提取液应在710 nm或750 nm波长下测量吸光度,其值应小于在叶绿素a吸收峰波长下的吸光度的5%,否则应重新过滤。

3. 叶绿素含量测定对分光光度计的波长精确度要求较高。如果波长与实际吸收峰相差1 nm,则叶绿素a的测定误差为2%,叶绿素b为19%,使用前需要对仪器的波长进行校正。其校正方法按仪器说明书所示,应用纯叶绿素a和叶绿素b来校正。

4. 72型、125型、721型等分光光度计因仪器的狭缝较宽,分光性能差,单色光的纯度低(±5~7 nm),使叶绿素a的测定值偏低,叶绿素b值偏高,a、b比值严重偏小。因此,这些仪器使用前用岛津UV-120、UV-240等分光光度计进行校正,会得到较好的结果。

【参考文献】

[1] 杨善元.关于测定叶绿素含量a∶b值等若干问题[J].植物生理学通讯,1983(4):61-62.

[2] Arnon D I.Copper Enzymes in Isolated Chloroplasts Phenoloxidases in Beta Vulgaris[J]. Plant Physiol,1949,24:1-5.

【实验后思考题】

1. 叶绿素a、叶绿素b在蓝光区也有吸收峰,能否用这一吸收峰波长进行叶绿素a、叶绿素b的定量分析?为什么?

2. 叶绿素a、叶绿素b、胡萝卜素和叶黄素的吸收光谱有何差别?其生理意义

是什么？

3. 根据 Cu^{2+} 在叶绿素分子中 Mg^{2+} 的替代作用，对制作绿色标本有何指导意义？

4. 用不含水的有机溶剂如无水乙醇、无水丙酮等提取植物材料特别是干材料的叶绿体色素往往效果不佳，原因何在？

5. 研磨提取叶绿素时加入 $CaCO_3$ 有什么作用？

实验二 光合速率的测定

光合速率是估测植物光合生产能力的主要依据之一。光合速率可根据植物对 CO_2 的吸收量，O_2 的释放量或干物质(有机物质)的积累量来进行测定。本实验学习光合速率测定的两种方法，即经典测定方法——改良半叶法和快速活体测定法——红外 CO_2 分析仪法。

【实验前思考题】

1. 根据光合作用的方程式，分析哪些因子可用于测定光合速率，并比较其优缺点？

2. 天气条件变化对光合速率有什么影响？什么样的天气适合光合速率的测定？

3. C_3 植物与 C_4 植物光合作用日变化有无差异？为什么？

一、改良半叶法

【原理】

植物的光合作用合成有机物质，其积累可使叶片单位面积的干重增加，但是，在正常情况下，光合产物在叶片中积累的同时，也通过输导组织向外输出，所以叶片增加的干重并不能真正反映光合产物的生产能力。“改良半叶法”采用烫伤、环剥或化学试剂处理等方法来杀死叶柄韧皮组织细胞或切断韧皮输导组织，阻止叶片光合产物向外运输，同时不影响木质部中水和无机盐向叶片的输送。然后将对称叶片的一侧剪下置于暗中，另一侧留在植株上保持光照进行光合作用，一定时间后，取下植株上的半叶。光下和暗中半叶单位面积干重之差，即为光合作用的干物质生产速率。乘以系数后可计算出 CO_2 的同化量。

【材料、仪器与试剂】

1. 材料

户外光照条件较好的植物。

2. 仪器与用具

分析天平(灵敏度1/10 000);烘箱;称量瓶(或铝盒);剪刀;刀片;橡皮塞;打孔器;纱布或脱脂棉;热水瓶或其他可携带的加热设备;尖端缠有纱布的夹子;毛笔;有盖搪瓷盘;纸牌;铅笔等。

3. 试剂

5%三氯乙酸。

【方法与步骤】

1. 取样

在户外选择较绿和较黄的同种植物叶片各15片,要注意叶龄、叶色、着生节位、叶脉两侧和受光条件的一致性。绿叶和黄叶分别用纸牌编号(例如绿叶为1,2,3,…,15,黄叶为1′,2′,3′,…,15′)。增加叶片的数目可提高测定的精确度。

2. 处理叶柄

为阻止叶片光合作用产物的外运,可选用以下方法破坏韧皮部。

①环割法:用刀片将叶柄的外层(韧皮部)环剥0.5 cm左右。为防止叶片折断或改变方向,可用锡纸或塑料套管包起来保持叶柄原来的状态。

②烫伤法:用棉花球或纱布条在90℃以上的开水中浸一浸,然后在叶柄基部烫0.5 min左右,出现明显的水浸状就表示烫伤完全。若无水浸状出现可重复做一次。对于韧皮部较厚的果树叶柄,可用熔融的热蜡环烫一周。

③抑制法:用棉花球蘸取5%三氯乙酸涂抹叶柄一周。注意勿使抑制液流到植株上。

选用何种方法处理叶柄,视植物材料而定。一般双子叶植物韧皮部和木质部容易分开宜采用环割法;单子叶植物如小麦和水稻韧皮部和木质部难以分开,宜使用烫伤法;而叶柄木质化程度低,易被折断叶片采用抑制法可得到较好的效果。

3. 剪取样品

叶柄处理完毕后即可剪取样品,并开始记录时间,进行光合作用的测定。首先按编号次序(绿叶和黄叶交替进行)剪下叶片对称的一半(主脉留下),并按顺序夹在湿润的纱布中(绿叶与黄叶分开保存),放入瓷盘,带回室内存于暗处。2～3 h后,再按原来的顺序依次剪下叶片的另一半,按顺序夹在湿润的纱布中(绿叶与黄叶分开保存)。注意两次剪叶速度应尽量保持一致,使各叶片经历相同的光照时间。

4. 称干重

取12个称量瓶分别标上绿叶光照1、2、3，绿叶黑暗1、2、3，黄叶光照1、2、3，黄叶黑暗1、2、3，将各同号叶片照光与暗中的两半叶叠在一起，用打孔器打取叶圆片，分别放入相应编号的称量瓶中(即光下和暗中的叶圆片分开)。每5个叶片打下的叶圆片放入一个称量瓶中，作为一个重复。记录每个称量瓶中的小圆片数量。打孔器直径根据叶片面积大小进行选择，尽可能多地打取叶圆片。注意不要忘记用卡尺量打孔器的直径。将称量瓶中叠在一起的叶圆片分散，开盖置于105℃烘箱中烘10 min以快速杀死细胞，然后将温度降到70～80℃，烘干至恒重(2～4 h)。然后取出加盖于干燥器中冷却至室温，用分析天平称重。

【结果与计算】

$$光合速率(mg \cdot m^{-2} \cdot s^{-1}) = \frac{W_2 - W_1}{A \times t}$$

式中：W_2 为照光半叶的叶圆片干重(mg)；W_1 为暗中半叶的叶圆片干重(mg)；A 为叶圆片面积(m^2)；t 为照光时间(s)。

若将干物质重乘以系数1.5，便可得 CO_2 的同化量，以 mg $CO_2 \cdot m^{-2} \cdot s^{-1}$ 表示。

【注意事项】

1. 如韧皮部处理不彻底，部分有机物仍可外运，测定结果将会偏低。

2. 对于小麦、水稻等禾本科植物，烫伤部位以选在叶鞘上部靠近叶枕5 mm处为好，既可避免光合产物向叶鞘中运输，又可避免叶枕处烫伤而使叶片下垂。

【参考文献】

[1] 沈允钢，李德跃，魏家绵，等.改进干重法测定光合作用的应用研究[J].植物生理学通讯，1980(2)：37-411.

[2] 李德耀，邱国雄，许大全，等.改良干重法破坏韧皮部对叶片光合作用影响的初步研究[J].植物生理学通讯，1981(3)：42-43.

二、红外 CO_2 分析仪法

【原理】

不同气体分子对红外线辐射能量的吸收不同，同原子组成的气体如 N_2、H_2、O_2 等均不吸收红外线能量，只有异原子组成的气体分子如 CO_2、H_2O 等可以吸收红外线辐射能量。CO_2 气体对红外线的吸收最强峰值在4.26 μm处，H_2O 对红外线的最大吸收峰在2.59 μm。吸收红外线能力的多少与该气体的吸收系数

(K),气体浓度(c)和气层厚度(L)有关,并服从朗伯-比尔定律。

红外 CO_2 分析仪由四个基本部分组成:红外线辐射源、气室、滤光片和检测器(图 4-1),气室中有 CO_2 或 H_2O 存在时,到达检测器的辐射能减少,检测器输出信号。作差分测定时需要有两个平行的气室(分析气室和参比气室),并且所用的检测器也必须能检出两个气室吸收辐射量的差值,从而计算 CO_2 或 H_2O 含量。

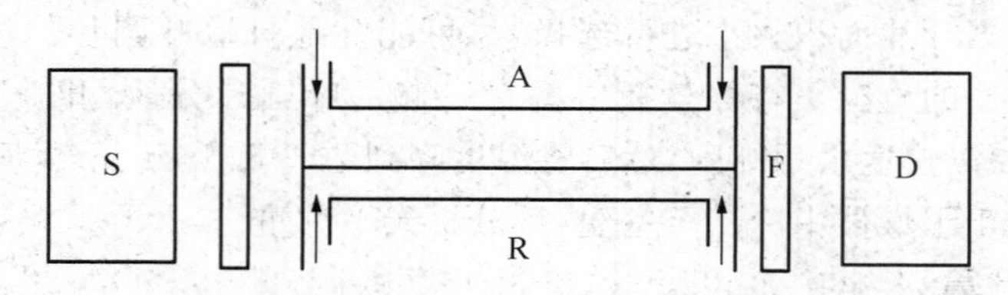

图 4-1　双气室红外线 CO_2 气体分析结构示意图

S. 光源　A. 分析气室　R. 参比气室　F. 滤光片　D. 检测器

【材料、仪器与试剂】

①材料:户外任一植物叶片。

②仪器设备:英国 PP-SYSTEMS 公司生产的 CIRAS-1 便携式光合测定系统。

【方法与步骤】

①连接:插好叶室三个插头两边梯形口旋紧螺丝,叶室保持关闭。

②开机:电源打到 ON。

③主机设定:主菜单下依次选择 1REC→1AUTO+N/C/P→2PLC6U→1BROAD→1SUN and SKY→1REC M→Y→Y→Y。

④调零:等待系统调零(Zero MODE),平衡(DIEF-B)后,几分钟至十几分钟可见读数菜单,此时 H_2O 差值应为+/-0.01 之间。

⑤夹叶:观察 CO_2 差值,20 s 左右将出现明显负值,表明 CO_2 已吸收,等待读数稳定后按 R 保存,获得净光合速率(*Pn*)、气孔导度(*Gs*)、蒸腾速率(*Tr*)、叶温(*TL*)、大气 CO_2 浓度(c_a)、胞间 CO_2 浓度(c_i)、气温(*Ta*)、大气湿度(*RH*)、光合有效辐射(*PFD*)等指标。

⑥关机:按 N 直到返回主菜单,把电源钮转为"OFF"。叶室所有连线均拔下,否则调零时间过长。叶室应处于打开状态。

⑦数据传输:用数据线与计算机 COM 口连接,开机主菜单下选 3DMP(数据输出),打开计算机中仪器自带的软件 Transfer.exe,按计算机的提示选择 COM 口和保存位置,确认正确后按回车键,开始传输数据。传输后的数据为 DAT 格式,用 Excel 打开后另存为 xls 格式,即可正常处理数据。

【参考文献】

[1] 杨兴洪，邹琦，赵世杰.遮荫和全光下生长的棉花光合作用和叶绿素荧光特征[J].植物生态学报，2005，29(1)：8-15.

【实验后思考题】

1. 如果出现暗处理叶片重量大于光处理叶片的现象，试说明可能的原因。

2. 如果将先取回的叶片立即打孔烘干，对最后的结果会产生什么样的影响？

实验三　1，5-二磷酸核酮糖羧化酶活性的测定

1，5-二磷酸核酮糖羧化酶(RuBPCase，简称 RuBP 羧化酶)既能催化 1，5-二磷酸核酮糖(RuBP)与 CO_2 发生羧化反应，又能催化 RuBP 的加氧反应，因此又称为 RuBP 羧化加氧酶(Rubisco)。它是光合作用碳代谢中的关键酶，是植物中含量最丰富的蛋白质，主要存在于叶绿体的可溶部分，总量占叶绿体可溶蛋白 50%～60%。本实验学习利用分光光度计测定该酶羧化活力的方法。

【实验前思考题】

1. RuBPCase 在光合作用中有何作用？

2. 测定植物酶活性时通常需要注意什么问题？

【原理】

在 RuBPCase 催化下，1 分子 RuBP 与 1 分子 CO_2 结合，产生 2 分子 3-磷酸甘油酸(PGA)，PGA 可在外加的 3-磷酸甘油酸激酶和 3-磷酸甘油醛脱氢酶的作用下，产生 3-磷酸甘油醛，并使还原型辅酶Ⅰ(NADH)氧化。因此，由 NADH 氧化的量即可计算出 RuBPCase 的活性。NADH 在 340 nm 处有吸收峰，其含量可用紫外分光光度计测定。为使 NADH 的氧化与 CO_2 的固定同步，反应体系中需要加入磷酸肌酸(Cr～P)和磷酸肌酸激酶的 ATP 再生系统。

【材料、仪器与试剂】

1. 材料

菠菜叶片。

2. 仪器与用具

紫外分光光度计；冷冻离心机；匀浆器；移液管；秒表。

3. 试剂

①5 mmol · L^{-1} NADH。

②25 mmol · L^{-1} RuBP。

③0.2 mol·L^{-1} $NaHCO_3$。

④RuBPCase 提取介质：40 mmol·L^{-1}（pH 7.6）Tris-HCl 缓冲溶液，内含 10 mmol·L^{-1} $MgCl_2$、0.25 mmol·L^{-1} EDTA、5 mmol·L^{-1}谷胱甘肽。

⑤反应介质：100 mmol·L^{-1} Tris-HCl 缓冲液，内含 12 mmol·L^{-1} $MgCl_2$ 和 0.4 mmol·L^{-1} EDTA-Na_2，pH 7.8。

⑥160 U·mL^{-1}磷酸肌酸激酶溶液。

⑦160 U·mL^{-1}甘油醛-3-磷酸脱氢酶溶液。

⑧50 mmol·L^{-1} ATP。

⑨50 mmol·L^{-1}磷酸肌酸。

⑩160 U·mL^{-1}磷酸甘油酸激酶溶液。

【方法与步骤】

1. 酶粗提液的制备：取新鲜菠菜叶片 10 g，洗净吸干表面水分，置于匀浆器中，加入 10 mL 预冷的提取介质，高速匀浆 30 s，停 30 s，交替进行 3 次；匀浆经 4 层纱布过滤，滤液于 20 000 *g* 4℃下离心 15 min，弃沉淀，上清液即为酶粗提液，置 0℃下保存备用。

2. RuBPCase 活力测定反应体系按表 4-1 配制。

表 4-1 RuBPCase 活力测定反应体系及操作程序

试剂	加入量(mL)
5 mmol·L^{-1} NADH	0.2
50 mmol·L^{-1} ATP	0.2
酶提取液(对照最后加)	0.1
50 mmol·L^{-1} Cr～P	0.2
0.2 mol·L^{-1} $NaHCO_3$	0.2
反应介质	1.4
160 U·mL^{-1}磷酸肌酸激酶	0.1
160 U·mL^{-1}磷酸甘油酸激酶	0.1
160 U·mL^{-1}磷酸甘油醛脱氢酶	0.1
蒸馏水	0.3
在 340 nm 测定吸光度	
25 mmol·L^{-1} RuBP	0.1
在 340 nm 每 30 s 测定一次吸光度	

3. 将配制好的反应体系摇匀，倒入比色杯内，以蒸馏水为空白，在紫外分光光度计上 340 nm 处读取吸光度作为零点值。将 0.1 mL RuBP 加于比色杯内，并马上计时，每隔 30 s 读一次吸光度，共测 3 min。以零点到第 1 分钟内吸光度下降的绝对值计算酶活力。

由于酶提取液中可能存在 PGA，会使酶活力测定产生误差，因此需要做一个不加 RuBP（用蒸馏水代替）的对照。对照的反应体系是不含酶提取液的反应体系，加入酶提取液后马上读取 340 nm 处的吸光度，记录 1 min 内的吸光值变化，计算酶活力时减去这一变化量。

4. 取 0.5 mL 酶液用 Folin-酚试剂法（Lowry 法）测定酶液中蛋白质的含量，具体方法见第六章实验四。

【结果与计算】

$$\text{RuBPCase 活力}(\mu\text{mol} \cdot \text{mL}^{-1} \cdot \text{min}^{-1}) = \frac{\Delta A \times n \times 3}{6.22 \times 2 \times d \times \Delta t \times 0.1}$$

式中：ΔA 为反应最初 1 min 内 340 nm 处吸光度变化的绝对值（减去对照液最初 1 min的变化量）；n 为稀释倍数；3 为反应体系总体积（mL）；6.22 为 1 μmol NADH 在 340 nm 处的吸光系数；2 为每固定 1 mol CO_2 有 2 mol NADH 被氧化；d 为比色光程（cm）；Δt 为测定时间为 1 min；0.1 为反应混合液中酶液用量。

$$\text{RuBPCase 比活力}(\text{U} \cdot \text{mg}^{-1}) = \frac{\text{RuBPCase 活力}}{\text{蛋白含量}(\text{mg} \cdot \text{mL}^{-1})}$$

【参考文献】

[1] Peng X X, Peng S B. Degradation of Ribulose-1,5-Bisphosphate Carboxylase/Oxygenase in Naturally Senescing Rice Leaves [J]. Acta Phytophysiologica Sinica, 2000, 26(1): 46-52.

[2] Lilley M C, Walker D A. An improved spectrophotometric assay for ribulosebisphosphate carboxylase[J]. Biochim Biophys Acta, 1974, 358: 226-229.

【实验后思考题】

1. 如何纯化 RuBPCase？纯化酶和粗提酶测定活性会有什么样的差异？为什么？

2. 不加 RuBP 的处理为什么要最后加酶液？

实验四 磷酸烯醇式丙酮酸羧化酶活性的测定

磷酸烯醇式丙酮酸羧化酶(PEPCase,简称 PEP 羧化酶)是 C_4 植物光合作用中 CO_2 固定的关键酶,催化 PEP 和 CO_2 形成草酰乙酸。PEP 羧化酶不仅存在于植物绿色组织中,还分布于根、茎及果实等器官中。PEP 羧化酶在光合碳同化、呼吸作用和其他物质代谢等方面均具有重要作用。

【实验前思考题】

1. C_4 植物光合碳途径与 C_3 植物有何异同?
2. PEP 羧化酶在 C_4 植物光合碳同化中起什么作用?

【原理】

PEP 羧化酶在有 Mg^{2+} 存在的条件下,催化 PEP 与 HCO_3^- 发生羧化反应生成草酰乙酸。草酰乙酸和还原型辅酶Ⅰ(NADH)在苹果酸脱氢酶的催化下形成苹果酸和氧化型辅酶Ⅰ(NAD^+)。NADH 在 340 nm 处有吸收峰,其氧化量可用紫外分光光度计测定。酶活力以每分钟每毫升酶液氧化 NADH 的微摩尔值表示。

【材料、仪器与试剂】

1. 材料

玉米、高粱等 C_4 植物叶片

2. 仪器与用具

组织捣碎机;冷冻离心机;紫外分光光度计;纱布;秒表。

3. 试剂

①5 $mmol \cdot mL^{-1}$ NADH,pH 8.9。

②40 $mmol \cdot L^{-1}$ PEP。

③100 $mmol \cdot L^{-1}$ $NaHCO_3$。

④提取缓冲液 0.1 $mol \cdot L^{-1}$ Tris-H_2SO_4 缓冲溶液,内含 7 $mmol \cdot L^{-1}$ 巯基乙醇、1 $mmol \cdot L^{-1}$ EDTA、5%甘油,pH 8.3。

⑤反应缓冲液:0.1 $mol \cdot L^{-1}$ Tris-H_2SO_4 缓冲液,内含 0.1 $mol \cdot L^{-1}$ $MgCl_2$,pH 9.2。

⑥苹果酸脱氢酶。

【方法与步骤】

①酶粗提液的制备:取新鲜玉米或高粱叶片洗净擦干去掉主脉,称取 25 g 用

提取缓冲液以 1∶4(重量/体积)于组织捣碎机中捣碎。用 4 层纱布滤去残渣,滤液于冷冻离心机中以 5 000 $r \cdot min^{-1}$ 离心 20 min,弃去残渣。上清液进行 $(NH_4)_2SO_4$ 分部沉淀。将粗酶液装入烧杯,于搅拌器上搅拌,缓慢加入固体硫酸铵粉末达到 35%饱和度(见【附录 4】硫酸铵溶液饱和度计算表),在冰箱中静置 1 h,于 11 000 g 离心 10 min;取上清液再缓慢加入固体硫酸铵粉末达到 55%饱和度,在冰箱中静置 1 h,再于 11 000 g 离心 10 min,弃去上清液,用少量提取缓冲液溶解 35%和 55% $(NH_4)_2SO_4$ 饱和度的沉淀,置 0℃保存备用。

②酶活性的测定:反应液总体积为 3 mL。按表 4-2 加入试剂。

表 4-2 PEP 羧化酶活力测定反应体系及操作程序

试剂	加入量(mL)
反应缓冲液	1
40 $mmol \cdot L^{-1}$ PEP	0.1
5 $mmol \cdot L^{-1}$ NADH	0.1
苹果酸脱氢酶	0.1
PEP 羧化酶提取液	0.1
蒸馏水	1.5
在 340 nm 测定吸光度	
100 $mmol \cdot L^{-1} NaHCO_3$	0.1
在 340 nm 每 30 s 测定一次吸光度	

将配制好的反应体系摇匀,在所测温度下保温 10 min 后,在 340 nm 处读取吸光度。然后加入 0.1 mL 的 100 $mmol \cdot L^{-1}$ $NaHCO_3$ 启动反应,立即记时,每隔 30 s 读取吸光度值,连续记录吸光度的变化。

③取 0.5 mL 酶液用 Folin-酚试剂法(Lowry 法)测定酶液中蛋白质的含量,具体方法见第六章实验四。

【结果与计算】

$$\text{PEPCase 活力}(\mu mol \cdot mL^{-1} \cdot min^{-1}) = \frac{\Delta A \times n \times 3}{6.22 \times d \times \Delta t \times 0.1}$$

式中:ΔA 为反应最初 1 min 内吸光度变化的绝对值;N 为稀释倍数;3 为反应体系总体积(mL);6.22 为 1 μmol NADH 在 340 nm 处的吸光系数;d 为比色光程(cm);Δt 为测定时间为 1 min;0.1 为反应混合液中酶液用量。

$$\text{PEPCase 比活力}(\text{U}\cdot\text{mg}^{-1})=\frac{\text{PEPCase 活力}}{\text{蛋白质含量}(\text{mg}\cdot\text{mL}^{-1})}$$

【参考文献】

[1] Gonzalez D H, Iglesias A A, Andeo C S. On the regulation of phosphoenolpyruvate carboxylase activity from maize leaves by L-malate: effect of pH [J]. J Plant Physiol, 1984, 16: 425-429.

[2] Ku MSB, Sakae A, Mika N, Hiroshi F, Hiroko T, Kazuko O, Sakiko H, Seiichi T, Mitsue M, Makoto M. High level expression of maize phosphoenolpyruvate carboxylase in transgenic rice plants[J]. Nat Biotechnol, 1999, 17: 76-80.

【实验后思考题】

1. 如何进一步纯化 PEP 羧化酶?

2. 纯化酶和粗提酶测定活力有什么差异? 为什么?

实验五　叶绿素荧光参数的测定

植物光合机构吸收的光能有三个可能的去向:一是用于推动光化学反应,使反应中心色素分子发生电荷分离,导致光合电子传递和光合磷酸化,从而形成用于 CO_2 固定和还原的同化力(ATP 和 NADPH);二是转变成热散失;三是以荧光的形式发射出来。由于这三者之间存在此消彼长的相互竞争关系,而且由于叶绿素在体内的存在状态不同,所发射的荧光波长和量子产量存在差异,所以可以通过检测植物发射的荧光了解叶绿素分子的激发态、分子在类囊体膜上的排列、能量在分子之间的传递和能量转换的变化。本实验学习用连续激发式荧光仪测定叶绿素荧光参数的方法。

【实验前思考题】

1. 植物是如何吸收、传递和转换光能的?

2. 植物发射荧光状况与光合作用有何关系?

【原理】

叶绿素在照光时能辐射出荧光。在活体组织中荧光强度很小,但当光合电子传递、同化力形成及利用受阻时,荧光强度增大。连续激发式荧光仪(PEA 或 Handy PEA, Hansatech, 英国)主要是通过短时间照光后荧光信号的瞬时变化反映暗反应活化前 PSⅡ的光化学变化,它具有相当高的分辨率(初始记录速度每秒钟 10 万次),从照光后的 10 μs 到 5 min 内不同时间的荧光信号都能被 Handy-

PEA 按时记录，荧光随时间变化的曲线称为叶绿素荧光诱导动力学曲线。在对快速叶绿素荧光诱导动力学曲线作图时，一般把代表时间的横坐标改为对数坐标，结果得到 O-J-I-P 诱导曲线（图 4-2）。O 点出现时间是 10～50 μs（不同植物有差异），叶片经过充分暗适应以后，PSⅡ的原初电子受体处于完全氧化状态，这时光合色素所吸收的光量子绝大部分用于光化学反应，只有很小部分以荧光形式释放，这部分荧光称为初始荧光（Fo）；J 点出现时间是 2 ms，它代表 PSⅡ的电子受体 QA 第一次被完全还原为还原态时的荧光。如果电子从 QA 向 QB 的传递受到限制，J 点就会升高。如：当 PSⅡ反应中心失活时（D1 蛋白降解）；QB 非还原反应中心数量增加（反应中心可逆失活），会导致 J 点的升高；I 点出现时间是 30 ms，反应了 PQ 库的异质性，即快还原型 PQ 库和慢还原型 PQ 库的大小。当慢还原型 PQ 库比例增加时，I 点上升；P 点出现时间是 0.3～2 s（不同植物有差异），这时 PSⅡ的原初电子受体处于完全还原状态，即 PSⅡ反应中心完全关闭，这时光合色素所吸收的光量子主要以荧光形式释放，这部分荧光称为最大荧光（Fm）。P 点高低除了与诱导荧光的光强有关外，还与天线的结构和功能、天线能量耗散的大小有关。Fm 与 Fo 差值称为可变荧光（Fv），反映 PSⅡ的电子传递最大潜力。Fv/Fm 的大小反映 PSⅡ反应中心最大的光能转换效率，是叶绿体光化学活性的一个重要指标，也是反映光抑制程度的良好指标。本实验主要对比 Fo，Fm 和 Fv/Fm 的变化。

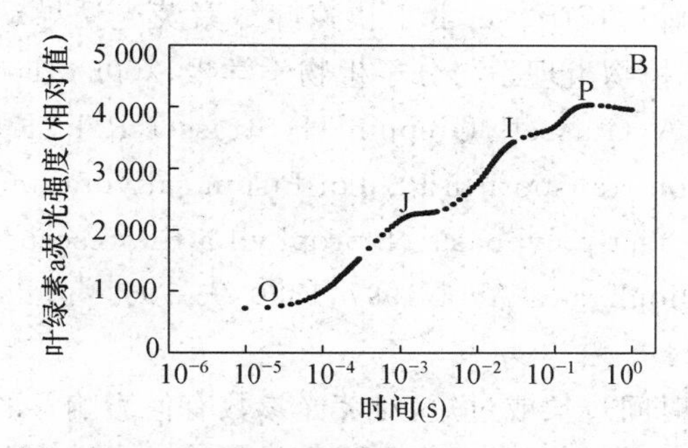

图 4-2 连续激发式荧光仪测定的 O-J-I-P 诱导曲线

【材料与仪器】

1. 材料

室外植物的活体叶片。

2. 仪器

连续激发式荧光仪（PEA 或 Handy PEA，Hansatech，英国）。

【方法与步骤】

①暗适应:实验前将要测定的植物叶片用叶夹夹住,暗适应 30 min。

②开机,在主菜单界面,依次按 OK 键选择系统(system)、方案(polotocol)、默认(default)、光强(intensity),把光强设置为 3 000 μmol・m^{-2}・s^{-1} 的饱和脉冲光。

③为把探头与叶夹扣紧,打开暗适应夹的遮光片,用饱和脉冲光照射叶片。

④测定结束时,屏幕显示测定数据,连续按 OK 键,保存数据和文件号,直至回到主菜单。

⑤重复步骤 3、4,测定所有实验样品,关机。

⑥数据传输方法:

(ⅰ)安装荧光仪光盘中的文件(放入光盘自动安装)。

(ⅱ)连接数据线,打开荧光仪,选 PC mode。

(ⅲ)双击电脑 Handypea 图标,打开荧光仪软件。

(ⅳ)传输数据点 file-Transfer from PEA。

(ⅴ)转换格式点 file-Data to ASCII-All data in sheet,保存。

(ⅵ)用 Excel 打开刚才保存的文件(me.asc),进一步编辑,以 Excel 方式存盘。

⑦分析输出数据中的 Fo,Fm,Fv/Fm 等指标。

【参考文献】

[1] 李鹏民,高辉远,Strasser R J.快速叶绿素荧光诱导动力学分析在光合作用研究中的应用[J].植物生理学与分子生物学学报,2005,31(6):559-566.

[2] Srivastava A,GuisséB,Greppin H,Strasser R J . Regulation of antenna structure and electron transport in PSⅡ of Pisum sativum under elevated temperature probed by the fast polyphasic chlorophyll a fluorescence transient :OKJIP [J]. Biochimica et Biophysica Acta,1997,1320:95-106.

【实验后思考题】

1. 如果暗适应时间过长或过短,对荧光参数有何影响?

2. 如果光照过强或过弱,对荧光参数有何影响?

第五章　植物的呼吸作用

呼吸作用是一切生物的共同特性。不论是植物、动物或微生物，不论是哪种器官、组织或细胞，只要有活细胞的部分，都毫不例外地进行呼吸作用，进行有机物质的氧化分解和释放能量，为合成代谢提供必需的原料和生命活动所需的能量。同时，呼吸代谢中间产物的衍生物对病原菌的侵害具有一定的抵抗作用。因此，研究呼吸作用对于植物生理学理论和生产实践具有重要意义。本章介绍呼吸速率的测定、抗坏血酸氧化物酶和多酚氧化酶活性的测定、植物组织中 ATP 含量和 ATP 酶活的测定方法。

实验一　呼吸速率的测定

呼吸速率大小代表植物生命活动的强弱。植物呼吸速率的高低因植物类型、组织种类、生育期的差异而不同，也受外界环境的影响。通过测定呼吸速率可以研究内外因素对植物生命活动的效应。本实验学习呼吸速率测定的广口瓶法、氧电极法和红外 CO_2 分析仪法。

【实验前思考题】

1. 根据呼吸作用的方程式，分析哪些因子可用于测定呼吸速率，并比较其优缺点？

2. 如何理解呼吸速率与光合速率之间的关系？

一、广口瓶法

【原理】

广口瓶法又称小篮子法。植物材料在呼吸过程中释放 CO_2，在广口瓶中放入植物材料和 $Ba(OH)_2$ 溶液，呼吸释放的 CO_2 被 $Ba(OH)_2$ 溶液吸收。一定时间后，用草酸溶液滴定剩余的 $Ba(OH)_2$，由空白瓶和样品瓶二者消耗草酸溶液之差即可计算出植物材料呼吸作用释放的 CO_2 量。

【材料、仪器与试剂】

1. 材料

萌发的小麦或水稻种子。

2. 仪器与用具

广口瓶测定呼吸装置(含装种子的小篮子);精密天平和托盘天平;酸式和碱式滴定管;滴定台。

3. 试剂

①0.022 5 mol·L^{-1}草酸溶液:准确称重结晶草酸 $H_2C_2O_4 \cdot 2H_2O$ 2.864 5 g,溶于蒸馏水中,并定容至1 000 mL。每毫升溶液相当于含有1 mg的 CO_2。

②饱和 $Ba(OH)_2$ 溶液(密封保存)。

③指示剂:0.1%中性红和0.1%次甲基蓝水溶液等量混合,终点pH 7.0。

【方法与步骤】

称取萌发的小麦或水稻种子20～30 g,装在小篮中。向广口瓶内准确地加入饱和 $Ba(OH)_2$ 溶液20 mL,把小篮子挂在瓶塞上,放入广口瓶内,并塞紧瓶塞。记录测定开始时间,每过10 min左右,轻轻地摇动广口瓶,破坏溶液表面的 $BaCO_3$ 薄膜,以利于 CO_2 的吸收。1 h后,小心打开瓶塞,迅速取出小篮,向瓶中加入1～3滴指示剂,立即重新盖紧瓶塞,然后拔出小橡皮塞,把滴定管插入小孔中,用0.022 5 mol·L^{-1}的草酸滴定,直至绿色转变成紫色为止。记录滴定碱液所消耗的草酸溶液的毫升数。

另取一广口瓶测定呼吸装置,向广口瓶内加入20 mL碱液,不放入植物材料,其余操作同上,此瓶作为空白对照。

【结果与计算】

$$\text{呼吸速率}(\mathrm{mg\ CO_2 \cdot g^{-1} \cdot h^{-1}})=\frac{V \times C}{W \times t}$$

式中:V 为空白滴定值－处理滴定值(mL);C 为空白滴定毫升草酸相当的 CO_2 毫克数(本实验 $C=1$);W 为样品鲜重(g);t 为测定时间(h)。

【参考文献】

[1] 涂大正.植物生理学[M](修订本).长春:东北师范大学出版社,1985.

[2] 刘玉民,常世杰.小篮子法测定植物呼吸速率实验中的两点说明[J].廊坊师范学院学报,2003:110-111.

[3] 张志良.植物生理学实验指导[M].3版.北京:高等教育出版社,2003.

二、氧电极法

【原理】

氧电极(oxygen electrode)是极谱氧电极中的一种,目前通用的是薄膜氧电极,又称 Clark 电极。它灵敏度高,操作简便而快速,可以连续测定液相中的溶解氧含量变化。氧电极由镶嵌在绝缘材料上的银极(阳极)和铂极(阴极)构成。电极表面覆以聚四氟乙烯薄膜,在电极与薄膜之间充以氯化钾溶液作为电解质,在两极间加 0.6~0.8 V 的极化电压,当外界氧透过薄膜进入氯化钾溶液,溶解氧便在铂极表面上还原,发生如下反应:

$$O_2 + 2H_2O + 2e^- \longrightarrow H_2O_2 + 2OH^-$$

$$2H_2O_2 + 2e^- \longrightarrow 2OH^-$$

在银极表面则发生如下氧化反应:

$$4Ag \longrightarrow 4Ag^+ + 4e$$

$$4Ag^+ + 4Cl^- \longrightarrow 4AgCl$$

此时电极间产生扩散电流,此电流与透过膜的氧量成正比。电极间产生的电流信号通过电极控制器的电路转换成电压输出,用自动记录仪记录,再换算成氧量。

由于聚四氟乙烯薄膜只允许氧透过而不能透过各种有机及无机离子,故可排除待测溶液中溶解氧以外的其他成分的干扰。

【材料、仪器与试剂】

1. 材料

植物叶片或其他组织。

2. 仪器与用具

氧电极测氧系统(使用方法见第一章实验二);微量注射器;刀片等。

3. 试剂

0.5 $mol \cdot L^{-1}$ KCl 溶液;0.1 $mol \cdot L^{-1}$ 磷酸缓冲液(pH 6.8);0.1 $mol \cdot L^{-1}$ 碳酸氢钠溶液;亚硫酸钠饱和液(临用前配制)。

【方法与步骤】

1. 材料准备

切取植物的功能叶 1 cm×1 cm 大小数块,放入 20 mL 的注射器中加水抽气,使叶肉细胞间隙的空气排出。然后取出一块再切成 1 mm×1 mm 的小块。

2. 呼吸速率测定

用蒸馏水洗净反应杯，加入 3 mL 0.1 mol·L^{-1} 磷酸缓冲液，将总面积为 1 cm^2 的叶块移入反应杯，电极插入反应杯，注意电极下面不得有气泡，用黑布遮住反应杯，开启磁力搅拌器和恒温水浴水泵，经 3～4 min，温度达到平衡，开启记录仪，调好笔速（XWC 型记录仪可调至最大笔速，即 2 mm·min^{-1}），记下记录笔的起始位置。由于叶片呼吸耗氧，记录笔逐渐向左移动。记录 3～5 min 笔横向移动的格数。

【结果与计算】

$$呼吸速率(mgCO_2 \cdot cm^{-1} \cdot h^{-1}) = \frac{a \times n \times 100 \times 60}{A \times t} \times \frac{44}{100}$$

式中：a 为记录纸每小格代表的氧量（μmol·格$^{-1}$），根据灵敏度标定求得，见第一章实验二；A 为叶面积（cm^2）；t 为测定时间（min），即记录笔走纸距离（mm）/走纸速度（mm·min^{-1}）；44/1 000 为消耗的 O_2 的微摩尔数换算为 CO_2 的毫克数；n 为记录笔横向（向左）移动的小格数。

【注意事项】

(1)氧电极对温度变化非常敏感，测定时需要维持温度恒定。

(2)反应杯中不能有气泡，否则会造成指针不稳，记录线扭曲，并产生测定误差。

(3) 电极使用一段时间后，会发生污染，灵敏度下降，可用 1∶1 稀释后的氨水清洗 10～60 s，然后用蒸馏水清洗干净。

(4)所用薄膜必须无破损，无皱折，并不能用手接触。为防止膜内水分蒸发引起 KCl 沉淀和避免经常灌充 KCl 溶液，不用时将电极头浸于蒸馏水中。

(5)注意洗净反应杯以消除遗留在反应杯中的霉菌或细菌的影响。

【参考文献】

[1] 李德耀，叶济宇.薄膜氧电极的制作与呼吸或光合控制的测定[J].植物生理学通讯，1980(1):35-40.

[2] 邱国雄，李德耀.选择适用于作物品种光合特性比较的测定方法[J].植物生理学通讯，1980(4): 56-58.

【实验后思考题】

1. 广口瓶法为什么选用萌发的种子测定呼吸速率？测定呼吸速率的过程中哪些环节易出现误差？如何减少误差？

2. 在氧电极法中如何避免温度变化对测定产生的影响？

实验二　抗坏血酸氧化物酶和多酚氧化酶活性的测定

植物体内的末端氧化酶把从基质传递来的电子和 H^+，直接交给分子氧并产生 H_2O 或 H_2O_2。植物体内末端氧化酶主要有抗坏血酸氧化酶、多酚氧化酶、黄素酶、细胞色素氧化酶、乙醇酸氧化酶等。植物体内末端氧化酶的多样性与呼吸作用的多样性有密切的关系。这些氧化酶不仅随着植物种类的不同而不同，而且即使是同一种植物在不同生长发育时期酶系统也在变化。如水稻种子在发芽初期以细胞色素氧化酶为主，但 6～7 d 后抗坏血酸氧化酶的作用占主导地位。此外，植物感病后，不仅呼吸增强，而且氧化酶系统也发生相应的变化。由此可见，测定氧化酶的种类与活性，对了解植物代谢情况以及与环境的关系有着重要意义。

【实验前思考题】

1. 如何理解呼吸代谢途径的多样性？
2. 什么是末端氧化酶？主要有哪几种？各有什么作用？

【原理】

①抗坏血酸氧化酶在有氧条件下，将抗坏血酸氧化脱氢形成脱氢抗坏血酸，同时利用脱下的氢将分子氧还原成水。

$$\text{抗坏血酸} + \frac{1}{2}O_2 \xrightleftharpoons{\text{抗坏血酸氧化酶}} \text{脱氢抗坏血酸} + H_2O$$

抗坏血酸：C(=O)—C(OH)—C(OH)—C(H)—O（内酯环），HO—C—H，CH_2OH

脱氢抗坏血酸：C(=O)—C(=O)—C(=O)—C(H)—O（内酯环），HO—C—H，CH_2OH

在反应系统中加入底物抗坏血酸和抗坏血酸氧化酶，在最适 pH 及温度下，反应一定时间，部分底物将被氧化脱氢，根据底物被消耗的数量来计算酶的活性。底物被消耗的量，可用碘液滴定剩余的抗坏血酸来测定。

$$KIO_3+5KI+6HPO_3 \longrightarrow 3I_2+6KPO_3+3H_2O$$

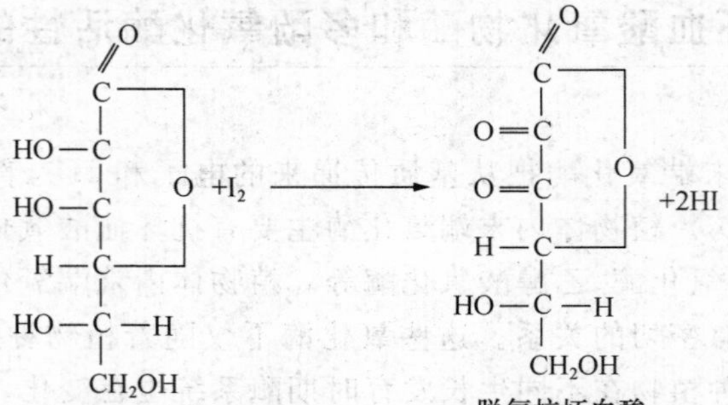

$$\text{抗坏血酸} + I_2 \longrightarrow \text{脱氢抗坏血酸} + 2HI$$

抗坏血酸　　　　脱氢抗坏血酸

②在有氧条件下，多酚氧化酶可将多酚类物质氧化为相应的醌，醌又能进一步氧化抗坏血酸。这种氧化还原关系是由于酚类物质与抗坏血酸之间的氧化还原电位差异决定的。醌类物质比抗坏血酸的氧化还原电位高，因而邻醌能够夺取抗坏血酸上的氢使自身得以还原。

因此，在多酚氧化酶活性测定时，除向反应体系中加入多酚氧化酶的底物（多元酚类）外，还要加入抗坏血酸。多酚氧化酶的活性，可以间接由抗坏血酸的消耗量求得。

【材料、仪器与试剂】

1. 材料

马铃薯块茎、甘薯块根、梨肉、植物叶片等。

2. 仪器与用具

研钵；25 mL 容量瓶；50 mL 三角瓶；微量滴定管；5 mL、2 mL、1 mL 移液管；恒温水浴锅；小漏斗。

3. 试剂

①pH 6.0 的磷酸盐缓冲液：A 液为 1/15 mol · L^{-1} 磷酸氢二钠溶液；B 液为 1/15 mol · L^{-1} 磷酸二氢钠溶液。取 A 液 10 mL 与 B 液 90 mL 混匀即可。

②0.1％抗坏血酸，现用现配。

③0.02 mol · L^{-1} 焦儿茶酚：称取 0.22 g 焦儿茶酚溶于 100 mL 水中，现用现配。

④10％偏磷酸（按纯偏磷酸计算）。

⑤1％淀粉溶液。

⑥5/6 mmol · L^{-1} 碘液：碘化钾 2.5 g 溶于 200 mL 的蒸馏水中，加冰醋酸 1 mL，再加 0.1 mol · L^{-1} 碘酸钾（0.356 7 g 碘酸钾溶于水中，定容至 100 mL）

12.5 mL，最后加蒸馏水成 250 mL。

【方法与步骤】

1. 酶液提取

称取新鲜样品（2 g 叶片或马铃薯块茎）剪碎置于预冷过的研钵中，加少量石英砂及预冷的 pH 6.0 的磷酸盐缓冲液，在冰浴中迅速研磨成匀浆，用缓冲液全部洗入 25 mL 容量瓶中，并用缓冲液定容至刻度。置于 18～20℃ 水浴中浸提 30 min，中间摇动数次。将上清液（酶提取液）转入三角瓶中备用。

2. 酶活性的测定

取 6 个 50 mL 洁净干燥的三角瓶，编号。按表 5-1 顺序和数量向各瓶中加入缓冲液、抗坏血酸、焦儿茶酚，并向 3 及 6 号瓶加入 1 mL 偏磷酸。将三角瓶置于 18～20℃ 水浴中，使内外温度平衡。然后每隔 2 min 向各瓶中依次加入酶液 2 mL，准确记录加入酶液的时间。将各瓶在 18～20℃ 水浴保温 5～10 min 后，立即按原顺序向 1、2、4、5 号瓶各加入偏磷酸 1 mL 终止酶反应。待反应瓶冷却后，各加淀粉溶液 3 滴作指示剂，用微量滴定管以 5/6 mmol·L^{-1} 碘液进行滴定至出现浅蓝色为止。记录滴定值。

表 5-1　抗坏血酸氧化酶和多酚氧化酶活性测定系统的试剂用量

瓶号	试剂（mL）						备注
	缓冲液	抗坏血酸	焦儿茶酚	偏磷酸	酶溶液	偏磷酸（保温一定时间后）	
1	4	2			2	1	测定抗坏血酸氧化酶
2	4	2			2	1	同上
3	4	2		1	2		空白测定
4	3	2	1		2	1	测定抗坏血酸氧化酶及多酚氧化酶
5	3	2	1		2	1	同上
6	3	2	1	1	2		空白测定

【结果与计算】

酶活性以每克鲜组织每分钟氧化抗坏血酸的毫克数表示：

(1)抗坏血酸氧化酶活性（mg·g^{-1}·min^{-1}）$=\dfrac{0.44\times V\times[V_3-(V_1+V_2)/2]}{a\times W\times t}$

式中：V_3 为滴定 3 号空白所用去的碘液量(mL)；V_1 为滴定 1 号瓶所用去的碘液量(mL)；V_2 为滴定 2 号瓶所用去的碘液量(mL)；0.44 为每毫升 5/6 mmol 碘液氧化抗坏血酸的量(mg)；V 为提取液总量(mL)；a 为测定时所用提取液量(mL)；W 为样品鲜重(g)；t 为测定时间(min)。

(2)多酚氧化酶活性($mg \cdot g^{-1} \cdot min^{-1}$)

$$=\frac{0.44\times V\times[(V_6-(V_4+V_5)/2)-(V_3-(V_1+V_2)/2)]}{a\times W\times t}$$

式中：V_6 为滴定 6 号空白用去的碘液量(mL)；V_4 为滴定 4 号瓶用去的碘液量(mL)；V_5 为滴定 5 号瓶用去的碘液量(mL)；其余符号含义同抗坏血酸氧化酶活性计算公式。

【参考文献】

[1] 韩富根，焦桂珍，刘学芝，等.烟草叶片多酚氧化酶的提取及特性研究[J].河南农业大学学报，1995，29(1)：98-101.

[2] 戴亚，施春华，唐宏，等.烟草多酚氧化酶的分离提纯及性质研究[J].中国烟草学报，2001，7(4)：7-11.

[3] 林健巧，王炜军，穆虹，等.烟草多酚氧化酶的分离与固定化技术研究[J].中国生物化学和分子生物学报，1999，15(4)：663-666.

[4] 韩富根，韩锦峰，赵铭钦，等.烤烟叶片多酚氧化酶和抗坏血酸氧化酶活性影响因素研究[J].河南农业大学学报，2004，38(4)：432-435.

【实验后思考题】

1. 抗坏血酸氧化酶和多酚氧化酶活性测定实验中哪些环节易产生误差？

2. 多酚氧化酶的活性升高对果实的品质有无影响？为什么？

实验三　植物组织中 ATP 含量的测定

ATP 是一种可以被生物体直接利用的能量，它在植物贮存、输送和释放能量的过程中起着重要作用。生物发光法是目前使用最广泛的测定 ATP 含量的方法。

【实验前思考题】

1. 氧化磷酸化和底物水平磷酸化有何异同？

2. 细胞是如何通过能荷调节呼吸作用的？

【原理】

荧光素酶、还原型荧光素和 ATP 在 Mg^{2+} 和 O_2 的参与下发生反应，生成激发态的产物，并通过此种激发态发出光量子。ATP 含量和产生的光量子呈正相关，因此可以利用发光光度计测定光量子，并据此分析 ATP 含量。

【材料、仪器与试剂】

1. 材料

未萌发及已萌发 12 h、24 h 的玉米种子。

2. 仪器与用具

发光光度计；离心机；离心管；恒温水浴锅；试管；移液管；长针头注射器；容量瓶；比色杯。

3. 试剂

①荧光素酶系溶液：取干萤火虫尾，每毫克虫尾加入 0.5 mL 0.05 $mol \cdot L^{-1}$ 甘氨酰-甘氨酸缓冲液，在 4℃ 下黑暗中研磨提取，再以 5 000 *g* 离心力离心 15 min，取上清液在 4℃下放置 1 d 备用。

②0.05 $mol \cdot L^{-1}$ 甘氨酰-甘氨酸缓冲液：称取 0.660 6 g 甘氨酰-甘氨酸溶于 60 mL 重蒸馏水中，用 0.2 $mol \cdot L^{-1}$ 氢氧化钾调至 pH 为 7.5，再加入 100 mg 牛血清蛋白、246.5 mg $MgSO_4 \cdot 7H_2O$ 及 37.2 mg $EDTA\text{-}Na_2 \cdot 2H_2O$，用重蒸馏水定容至 100 mL。

③0.02 $mol \cdot L^{-1}$ Tris 缓冲液：称取 6.06 g Tris 及 $EDTA\text{-}Na_2$ 0.372 g 溶于蒸馏水中，用醋酸调至 pH 为 7.5，以蒸馏水定容至 500 mL。

④ATP 标准液：将 ATP 溶于 0.02 $mol \cdot L^{-1}$ Tris 缓冲液(pH 7.5)中，配成 0.001 $mol \cdot L^{-1}$ 的母液，再用 Tris 缓冲液稀释成浓度为 $1 \times (10^{-9} \sim 10^{-4})$ $mol \cdot L^{-1}$ 的系列 ATP 标准液各 1 mL。

【方法与步骤】

1. 材料准备

准备未萌发及已萌发 12 h、24 h 的玉米种子(也可用植物其他组织替换)。

2. 样品 ATP 的提取

剥取未萌发和已萌发 12 h、24 h 的玉米胚各 10 粒(称重)为待提取样品。吸 3～10 倍于样品体积的蒸馏水或 Tris 缓冲液加入 3 支试管中，并置入沸水浴中加热至沸腾，保温 10 min，冷却后离心，取上清液加入到 10 mL 容量瓶中，用 Tris 缓冲液定容至刻度。

样品也可用酸提取。即在冰浴条件下，在植物材料中加入冷三氯醋酸或冷过氯酸，使混合液的酸度达 6%时止，提取 5～10 min，然后用 3 $mol \cdot L^{-1}$ 的冷

K_2CO_3 中和到 pH 为 7.4，离心去沉淀，取上清液供测定样品用。

3. ATP 标准曲线的制作

吸取浓度分别为 $1\times(10^{-9}\sim10^{-4})\ mol\cdot L^{-1}$ 的 ATP 系列标准液各 0.2 mL 置于 0.5 cm 光径的比色杯中，放入发光光度计暗室，用注射器注入 0.8 mL 荧光素酶液（经 25℃保温），同时记录发光强度的高峰值 I_{max}。以 $\lg I_{max}$ 为纵坐标，ATP 浓度为横坐标，绘制标准曲线。

4. 样品 ATP 的测定

取 0.2 mL 样品提取液于比色杯中，其余操作与标准曲线制作完全相同，根据样品 $\lg I_{max}$ 值，从标准曲线上查得相应的 ATP 浓度。

【结果与计算】

$$\text{ATP 含量}(mol\cdot g^{-1})=\frac{c\times V}{1\ 000\times0.2\times W}$$

式中：c 为标准曲线查得的 ATP 浓度值；V 为提取液总量（mL）；W 为样品鲜重（g）。

【注意事项】

1. 对绘制标准曲线用的 ATP 要准确称量。

2. 荧光素酶反应的最适 pH 为 7.4～7.8；最佳温度为 23～25℃，25℃以上荧光素酶逐渐变得不稳定，37℃就会引起酶的不可逆失活。

3. 测试样品中含有高浓度盐[NaCl，KCl、$(NH_4)_2SO_4$ 等]及磷、钙、单价阴离子，会引起测定误差，一些胺、铜、汞、铅等重金属则是荧光素酶的抑制剂。

【参考文献】

[1] 王维光.虫荧光素酶系统的制备及性质[J].植物生理学通讯，1982(4)：38-41.

[2] 刘存德，沈全光，张家远，等.植物组织中 ATP、ADP、AMP 量的测定及能荷指标[J].植物生理学通讯，1982(5)：26-31.

[3] 徐本美，顾增辉.萌动中种子 ATP 量的变化[J].植物生理学通讯，1984(3)：39-42.

[4] 顾增辉，徐本美.种子吸胀及萌发阶段 ATP 水平测定方法的探讨[J].植物生理学通讯，1983(5)：55-60.

【实验后思考题】

1. ATP 含量与植物组织的生命力有何关系？

2. 在发光法测定 ATP 含量时最关键的影响因素是什么？

实验四 植物组织 ATP 酶活性测定

ATP 酶可催化 ATP 水解生成 ADP 及无机磷的反应，放出大量能量，供给生物体生命活动过程所需能量，对整个生物生命的维持起着重要的作用。我们常通过测定酶促反应释放的无机磷量或 ATP 的减少量，以及 pH 的变化等来测定 ATP 酶的活力。本实验通过测定酶促反应过程中无机磷的释放量来测定叶绿体偶联因子 ATPase 的活力。

【实验前思考题】

1. ATP 酶的作用是什么？

2. 在光合作用和呼吸作用中的 ATP 酶有何区别？

【原理】

在正常情况下，叶绿体类囊体膜上的偶联因子催化光合磷酸化反应（ATP 合成）的速率很高，而水解 ATP 的活力非常低，但用二硫苏糖醇（DTT）、膜蛋白酶或较高温度等激活后，它水解 ATP 的活力可大大增加。因此，偶联因子的测定常用激活后的 ATPase 水解 ATP 的活力来表示。

【材料、仪器与试剂】

1. 材料

大叶黄杨等植物叶片 10 g（洗净，去叶柄和中脉备用）。

2. 仪器及用具

分光光度计；水浴锅；照光设备（光源 50 000 lx）；台式离心机；研钵；试管；纱布。

3. 试剂

①1 mol・L^{-1} Tris-HCl 缓冲液 pH 8.0：称 60.57 g Tris 溶于 400 mL 蒸馏水中，用浓盐酸调至 pH 8.0，再加蒸馏水至 500 mL。

②5 mol・L^{-1} 硫酸溶液：取 27.8 mL，比重为 1.84 的浓硫酸，慢慢加入到 70 mL蒸馏水中，冷却后定容至 100 mL。

③10％硫酸钼酸铵溶液：称 10 g 钼酸铵溶于 100 mL 5 mol・L^{-1}硫酸中。

④硫酸亚铁-钼酸铵试剂：称 5 g 硫酸亚铁，加入 10 mL 硫酸钼酸铵，再加蒸馏水稀释到 70 mL，直至溶解为止，用前临时配制。

⑤STN 缓冲液：将 0.05 mol・L^{-1} Tris-HCl 缓冲液（pH 7.8，内含蔗糖 0.4 mol・L^{-1}及 NaCl 0.01 mol・L^{-1}）放入冰箱中预冷。

⑥50 mol·L^{-1} DTT(1,4-二硫苏糖醇)。

⑦0.5 mmol·L^{-1} PMS(吩嗪二甲酯硫酸盐)。

⑧0.001 mol·L^{-1} Na_2HPO_3。

⑨20%三氯乙酸。

⑩0.5 mol·L^{-1} NaCl。

⑪0.05 mol·L^{-1} $MgCl_2$。

【方法与步骤】

1. 叶绿体制备及叶绿素含量测定

取准备好的新鲜植物叶 5 g,置于研钵或组织捣碎机杯中,加入 20 mL 0℃预冷的 STN 缓冲液,快速研磨或捣碎匀浆。以 4 层纱布过滤匀浆,去粗渣,滤液于 0~2℃,200 g 离心力下离心约 1 min,去细胞碎片,将上清液再用 1 500 g 离心力离心 5~7 min。取沉淀悬浮于少量 STN(pH 7.8)中,使叶绿素含量在 0.5 mg·mL^{-1} 左右。如以甜菜叶子作材料,则匀浆介质中还应加入 0.02 mol·L^{-1}抗坏血酸钠。一般取 0.1 mL 叶绿体,加 0.9 mL 水和 4 mL 丙酮,离心后取上清液,于 652 nm 波长下测定其吸光度(OD_{652}),按 Arnon 公式计算叶绿素含量:

$$叶绿素含量(mg \cdot mL^{-1}) = \frac{OD_{652} \times 1\,000 \times 5}{34.5 \times 1\,000 \times 0.1} = OD_{652} \times 1.45$$

2. 无机磷标准曲线制作

在 7 个试管中每管加 0.1 mL 20%三氯乙酸、0.3 mL H_2O 和 0.1 mL Na_2HPO_3,使各管磷含量分别为 0 μmol、1 μmol、2 μmol、3 μmol、4 μmol、5 μmol 和 6 μmol。每管再加入 2.5 mL 硫酸钼酸铵-硫酸亚铁溶液,摇匀后在波长660 nm 处测定 OD 值,以 OD 值为纵坐标,无机磷浓度为横坐标制作无机磷标准曲线。

3. ATP 酶的激活

①Mg^{2+}-ATP 酶激活液及反应液配制见表 5-2。

表 5-2 Mg^{2+}-ATP 酶激活液及反应液配制

激活液	用量(mL)	反应液	用量(mL)
Tris-HCl(pH 8.0)	0.2	Tris-HCl(pH 8.0)	0.1
NaCl	0.2	$MgCl_2$	0.1
$MgCl_2$	0.2	ATP	0.1
DTT	0.2	H_2O	0.2

续表5-2

激活液	用量(mL)	反应液	用量(mL)
PMS	0.2	—	
总体积	1.0	总体积	0.5

②激活过程:取已制备好的叶绿体悬浮液 1 mL(叶绿素含量约为 0.1 mg·mL),加入 1 mL 激活液,于室温,在 50 000 lx 白炽光下进行光激活 6 min。

③反应过程:取 2 只试管,分别加入上述激活后的叶绿体悬浮液各 0.5 mL,再加入 0.5 mL 的反应液,取一管置 37℃水浴中(另一管置冰浴中作空白用)保温 10 min,然后各加入 0.1 mL 20%的三氯乙酸停止反应。用台式离心机将试管中溶液离心后,各取上清液 0.5 mL,再加入 2.5 mL 硫酸钼酸铵-硫酸亚铁溶液,摇匀后在波长 660 nm 处测定 OD 值,根据无机磷含量计算酶活性。

【结果与计算】

$$\text{ATP 酶活性}(\mu\text{molPi}\cdot\text{mg}^{-1}\text{chl}\cdot\text{h}^{-1})=\frac{c\times N}{c'\times t}$$

式中:c 为标准曲线查到的无机磷浓度值;N 为稀释倍数;c'为叶绿素含量;t 为保温时间。

【参考文献】

[1] 陈季楚,傅碗华.叶片细胞的膜束缚 ATP 酶活性的测定[J].细胞生物学杂志,1983,5(3): 21-24.

[2] 史春余,王振林,郭风法,等.甘薯块根膨大过程中 ATP 酶活性、ATP 和 ABA 含量的变化[J].西北植物学报,2002,22(2):315-320.

【实验后思考题】

1. 影响 ATP 酶活性的因素有哪些?
2. ATP 酶是如何被激活的?

第六章　植物有机物质运输与转化

植物是由多种既彼此分工、又相互协调的器官组成的复杂有机体，各种器官之间发生着频繁的物质运输和交换；而组成各器官的蛋白质、核酸、脂肪、碳水化合物类等有机物质之间也存在着相互转化，从而保证植物正常的生长发育。所以，植物体内有机物质的运输和转化是影响作物生长状况、产量高低和品质好坏的一个重要因素。本章主要介绍可溶性糖、游离氨基酸、赖氨酸、可溶性蛋白、维生素 C 和维生素 E 含量，以及蔗糖酶和苯丙氨酸解氨酶活性的测定方法。

实验一　植物组织可溶性糖含量的测定

可溶性糖和淀粉的含量常作为衡量植物体内碳素营养状况以及农产品品质性状的重要指标。此外，植物为了适应逆境条件，如干旱、低温，也会主动积累一些可溶性糖，降低渗透势和冰点，以适应环境条件的变化。本实验学习几种定量测定可溶性糖的方法。

【实验前思考题】

1. 植物体内有哪些可溶性糖？它们各有何性质？
2. 可溶性糖在植物生长和代谢中有何作用？

一、苯酚法

【原理】

植物体内的可溶性糖主要指能溶于水及乙醇的单糖和寡聚糖。糖在浓硫酸的作用下，脱水生成糠醛或羟甲基糠醛，后两者能与苯酚缩合成一种橙红色化合物，在 485 nm 波长处有最大吸收峰，在 10～100 μg 范围内其吸光度与糖的含量成正比，故可用分光光度计进行测定。苯酚法可用于甲基化的糖、戊糖和多聚糖测定，方法简单，灵敏度高，基本不受蛋白质存在影响，并且产生的颜色稳定。

【材料、仪器与试剂】

1. 材料

各种植物叶片或种子。

2. 仪器与用具

分光光度计；恒温水浴；20 mL 刻度试管；刻度吸管(1 mL 、5 mL)；记号笔；吸水纸。

3. 试剂

①90%苯酚溶液：称取 90 g 苯酚，加蒸馏水 10 mL 溶解，在室温下可保存数月。

②9%苯酚溶液：取 3 mL 90%苯酚溶液，加蒸馏水至 30 mL，现配现用。

③浓硫酸(比重 1.84)。

④1%蔗糖溶液：将分析纯蔗糖在 80℃下烘至恒重，精确称取 1 g。加少量蒸馏水溶解，移入 100 mL 容量瓶中，加入 0.5 mL 浓硫酸，用蒸馏水定容至刻度。

⑤100 $\mu g \cdot mL^{-1}$ 蔗糖溶液：精确吸取 1%蔗糖溶液 1 mL 加入 100 mL 容量瓶中，用蒸馏水定容至刻度。

【方法与步骤】

1. 可溶性糖的提取

取新鲜植物叶片，擦净表面污物，剪碎混匀，称取 0.1～0.3 g，共 3 份。分别放入 3 支刻度试管中，加入 5～10 mL 蒸馏水，塑料薄膜封口，于沸水中提取 30 min，提取液过滤入 25 mL 容量瓶中，重复提取 1 次，反复冲洗试管及残渣，最后定容至刻度，为可溶性糖待测液。

2. 标准曲线的制作

取 20 mL 刻度试管 6 支，从 0～5 分别编号，按表 6-1 加入各试剂。

表 6-1　蔗糖标准曲线反应系统中各试剂用量

试剂	管号					
	0	1	2	3	4	5
100 $\mu g \cdot mL^{-1}$ 蔗糖溶液(mL)	0	0.2	0.4	0.6	0.8	1.0
蒸馏水(mL)	2.0	1.8	1.6	1.4	1.2	1.0
每管蔗糖含量(μg)	0	20	40	60	80	100

然后按顺序向试管内加入 1 mL 9%苯酚溶液，摇匀，再沿管壁快速加入 5 mL 浓硫酸，摇匀。比色液总体积为 8 mL，在恒温下显色 30 min。然后以 0 号管为参

比，在 485 nm 处测定吸光度，以糖含量为横坐标，吸光度为纵坐标，绘制标准曲线或求出直线方程。

3. 样品的显色和比色

取 3 支试管，分别加入 0.5 mL 提取液，加蒸馏水 1.5 mL，然后按制作标准曲线的步骤，按顺序分别加入苯酚、浓硫酸溶液，并显色。然后以标准溶液 0 号管为参比，在 485 nm 处测定吸光度，从标准曲线中查得或利用直线方程计算出的糖含量，代入公式，得到可溶性糖含量。

【结果与计算】

$$可溶性糖含量(mg \cdot g^{-1})=\frac{C\times\frac{V}{a}\times n}{W\times10^3}$$

式中：C 为由标准曲线中查得或利用直线方程计算出的糖含量(μg)；a 为显色体系提取液加入量(mL)；V 为样品提取液总体积(mL)；n 为样品提取液稀释倍数；W 为组织重量(g)；10^3 为将 μg 转换成 mg。

【参考文献】

[1] 樊民广，李娟．苯酚-硫酸法测定白花蛇舌草中多糖的含量[J]．中国药物与临床，2008，8(4)：306-307.

[2] 向曙光，刘思俭，朱万洲，等．应用苯酚法测定植物组织中的碳水化合物[J]．植物生理学通讯，1984：42-44.

[3] 华东师范大学生物系植物生理教研组．植物生理学实验指导[M]．北京：人民教育出版社，1981.

二、蒽酮法

【原理】

糖在浓硫酸的作用下，可脱水反应生成糠醛或羟甲基糠醛，后两者可与蒽酮反应生成蓝绿色糠醛衍生物，在一定范围内，颜色深浅与糖含量成正比，其在可见光区的吸收峰为 630 nm，故可用分光光度计进行糖含量的比色测定。

由于反应中的浓硫酸可将多糖水解成单糖，该方法几乎可以测定所有的糖类物质，包括淀粉和纤维素。所以用蒽酮法测出的糖含量，实际上是溶液中全部可溶性糖的总量。此外，不同的糖类与蒽酮试剂的显色深度不同，果糖显色最深，葡萄糖次之，半乳糖、甘露糖较浅，五碳糖显色更浅，故测定糖的混合物时，常因不同糖类的比例不同造成误差，但测定单一糖类时则可避免此种误差。

【材料、仪器与试剂】

1. 材料

各种植物叶片或种子。

2. 仪器与用具

同方法(一)。

3. 试剂

①蒽酮乙酸乙酯试剂:取分析纯蒽酮 1 g,溶于 50 mL 乙酸乙酯中,贮于棕色瓶中,在黑暗中可保存数周,如有结晶析出,可微热溶解。

②浓硫酸(比重 1.84)。

【方法与步骤】

1. 可溶性糖的提取同苯酚法。

2. 标准曲线的制作

按方法一标准曲线的制作方法加入标准的蔗糖溶液,然后按顺序向试管中加入 0.5 mL 蒽酮乙酸乙酯试剂和 5 mL 浓硫酸,充分振荡,立即将试管放入沸水浴中,各管均准确保温 1 min,取出后自然冷却至室温,以 0 号管调零,在 630 nm 处测定吸光度,以糖含量为横坐标,吸光度为纵坐标,绘制标准曲线或求出直线方程。

3. 样品的显色和比色

取 3 支 20 mL 刻度试管,分别加入 0.5 mL 提取液,加蒸馏水 1.5 mL,然后按制作标准曲线的步骤,按顺序分别加入蒽酮乙酸乙酯试剂、浓硫酸溶液,反应显色。以标准溶液 0 号管作参比,在 630 nm 处测定吸光度,从标准曲线中查得或利用直线方程计算出的糖含量,代入公式,得到可溶性糖含量。

【结果与计算】

计算可溶性糖的含量,计算公式同苯酚法。

【注意事项】

在测定水溶性糖时,切勿将样品的残渣混入过滤液中,否则会因为细胞壁中的纤维、半纤维素等与蒽酮试剂发生反应而增加测定误差。

【参考文献】

[1] F·H·魏海姆,D·F·鲍勒德斯. 植物生理学实验[M]. 中国科学院植物研究所生理化学研究室译. 北京:科学出版社,1974.

[2] 西北农业大学植物生理生化教研组编. 植物生理学实验指导[M]. 西安:陕西科技出版社,1993.

[3] 华章俊德,刘国屏,施永宁. 植物生理实验法[M]. 南昌:江西人民出版

社,1982.

三、3,5-二硝基水杨酸法

【原理】

3,5-二硝基水杨酸(DNS)溶液与还原糖(各种单糖和麦芽糖)溶液共热后被还原成棕红色的氨基化合物,在一定范围内,颜色深浅与还原糖含量成正比。在540 nm波长下测定棕红色物质的吸光度,查标准曲线,便可求出样品中还原糖的含量。

【材料、仪器与试剂】

1. 材料

食用面粉或各种植物叶片、种子。

2. 仪器与用具

血糖管或25 mL刻度试管;大离心管或玻璃漏斗;100 mL烧杯;100 mL三角瓶;100 mL容量瓶;刻度移液管(1 mL、2 mL、10 mL);水浴锅;离心机;电子天平;分光光度计。

3. 试剂

①1 mg·mL^{-1}葡萄糖溶液:准确称取100 mg分析纯葡萄糖(预先在80℃烘至恒重),置于小烧杯中,用少量蒸馏水溶解后,转移到100 mL容量瓶中,用蒸馏水定容至刻度,摇匀,冰箱中保存备用。

②3,5-二硝基水杨酸试剂:取6.3 g 3,5-二硝基水杨酸和262 mL 2 mol·L^{-1} NaOH溶液,加到500 mL含有185 g酒石酸钾钠的热水溶液中,再加5 g结晶酚和5 g亚硫酸钠,搅拌溶解,冷却后加蒸馏水定容至1 000 mL,贮于棕色瓶中备用。

【方法与步骤】

1. 样品中还原糖的提取

样品中还原糖的提取:准确称取3 g食用面粉,置于100 mL烧杯中,以少量蒸馏水调成糊状,再加50 mL蒸馏水,搅匀,置于50℃恒温水浴中保温20 min,使还原糖浸出。离心或过滤,上清液或滤液转入100 mL的容量瓶中,残渣用20 mL蒸馏水清洗,再离心或过滤,上清液或滤液全部收集到容量瓶中,用蒸馏水定容至刻度,混匀,作为还原糖待测液。

2. 制作葡萄糖标准曲线

取7支血糖管或25 mL刻度试管,编号,按表6-2加入准确各种试剂,摇匀,在沸水浴中加热5 min,取出后立即放入盛有冷水的烧杯中冷却至室温,再用蒸馏水定容至25 mL,用橡皮塞塞住管口,颠倒混匀。用0号管调零,在540 nm处分别测定 1～6 号管的吸光度。以葡萄糖含量为横坐标，吸光度为纵坐标，绘制标准曲线或求出直线方程。

表 6-2　葡萄糖标准曲线反应系统中各试剂用量

试剂	管号						
	0	1	2	3	4	5	6
1 mg·mL^{-1}葡萄糖溶液(mL)	0	0.2	0.4	0.6	0.8	1.0	1.2
蒸馏水(mL)	2.0	1.8	1.6	1.4	1.2	1.0	0.8
3,5-二硝基水杨酸(mL)	1.5	1.5	1.5	1.5	1.5	1.5	1.5
每管葡萄糖含量(mg)	0	0.2	0.4	0.6	0.8	1.0	1.2

3. 样品的显色和比色

取 3 支 25 mL 刻度试管，编号，分别加入还原糖待测液 2 mL，3,5-二硝基水杨酸试剂 1.5 mL，其余操作均与制作标准曲线相同，以标准溶液 0 号管调零，在 540 nm 处分别测定各管的吸光度，从标准曲线中查得或利用直线方程计算出的糖含量，代入公式，得出可溶性含量。

【结果与计算】

计算可溶性糖的含量，计算公式同苯酚法。

【参考文献】

[1] 章丽华，张立平，胡锦群，等．3,5-二硝基水杨酸比色法测定红毛五加中多糖的含量[J]. 中国中医药信息杂志，2008，15(5)：49-51.

[2] 董娟娥，梁宗成，密红所，等．杜仲叶酸性多糖提取分离及含量测定[J]. 林业科学，2006，42(10)：60-64.

[3] 丁逸梅，郭萍，陈玉俊，等．改良 DNS 比色法测定柴胡粗多糖的含量[J]. 江苏药学与临床研究，2002，10(2)：19-20.

【实验后思考题】

1. 简述苯酚法与蒽酮法测定可溶性糖的基本原理。

2. 干扰可溶性糖测定的主要因素有哪些？怎样避免？

实验二　植物组织游离氨基酸总量的测定

氨基酸(amino acid)是构成蛋白质的基本单位，不仅是无机氮转化为有机氮的重要中间产物，也是蛋白质分解的产物。在植物体内，氮素主要以氨基酸和酰胺的形式进行运输。所以，测定植物不同时期、不同部位的游离氨基酸含量对于研究植物的氮代谢和植物氮素运输具有重要意义。

【实验前思考题】

1. 植物组织中存在的游离氨基酸有何生理作用？

2. 植物体内的氨基酸代谢与糖代谢有何关系？

【原理】

氨基酸含有游离氨基，在与茚三酮试剂共热时可发生颜色反应，定量生成二酮茚胺，该产物为蓝紫色，吸收峰在 570 nm 处，在一定范围内其吸光度与氨基酸浓度成正比。因此，可用分光光度计测定其含量。氨基酸与茚三酮的反应分两步进行：第一步，氨基酸被氧化形成 CO_2、NH_3 和醛，茚三酮被还原成还原型茚三酮；第二步，还原型茚三酮与另一个茚三酮分子和一分子氨脱水缩合生成二酮茚-二酮茚胺，反应式如下：

茚三酮 + R—CH(NH_2)—COOH ⟶ 还原型茚三酮 + R—CHO + NH_3 + CO_2

茚三酮 + NH_3 + 还原型茚三酮 ⟶ 蓝紫色化合物 + $3H_2O$

【材料、仪器与试剂】

1. 材料

各种植物组织。

2. 仪器及用具

分光光度计；电子天平；研钵；容量瓶；试管；移液管；水浴锅；三角瓶；漏斗。

3. 试剂

①水合茚三酮试剂：称取 0.6 g 再结晶的茚三酮置于烧杯中，加入 15 mL 正丙醇，搅拌使其溶解。再加入 30 mL 正丁醇及 60 mL 乙二醇，最后加入 9 mL pH

5.4的乙酸-乙酸钠缓冲液，混匀，贮于棕色瓶，置4℃下保存备用，10 d内有效。

②乙酸-乙酸钠缓冲液(pH 5.4)：称取乙酸钠54.4 g加入100 mL无氨蒸馏水，再加热至沸腾，使体积蒸发至60 mL左右。冷却后转入100 mL容量瓶中加30 mL冰醋酸，再用无氨蒸馏水定容至100 mL。

③亮氨酸溶液：称取80℃下烘干的亮氨酸46.8 mg，溶于少量10%异丙醇中，用10%异丙醇定容至100 mL。取该溶液5 mL，用蒸馏水稀释至50 mL，即为含5 $\mu g \cdot mL^{-1}$氨基酸态氮的标准氨基酸溶液。

④0.1%抗坏血酸：称取50 mg抗坏血酸，溶于50 mL无氨蒸馏水中，现用现配。

⑤10%乙酸：10 mL乙酸加90 mL蒸馏水。

【方法与步骤】

1. 氨基酸提取

取新鲜植物样品，洗净、擦干并剪碎、混匀后，迅速称取0.5～1 g，置于研钵中加入5 mL 10%乙酸，研磨成匀浆后，转入100 mL容量瓶，用蒸馏水定容，混匀，用滤纸过滤到三角瓶中备用。

2. 制作标准曲线

取6支20 mL刻度试管，编号0～5，按表6-3加入各试剂。

表6-3　亮氨酸标准曲线反应系统中各试剂用量

试剂	管号					
	0	1	2	3	4	5
5 $\mu g \cdot mL^{-1}$亮氨酸溶液(mL)	0	0.2	0.4	0.6	0.8	1
无氨蒸馏水(mL)	2	1.8	1.6	1.4	1.2	1
水合茚三酮(mL)	3	3	3	3	3	3
抗坏血酸(mL)	0.1	0.1	0.1	0.1	0.1	0.1
每管含氮量(μg)	0	1	2	3	4	5

加入试剂后混匀，盖上合适的玻璃球，置沸水中加热15 min，取出后用冷水迅速冷却并不时摇动，使加热时形成的红色被空气逐渐氧化而退去。当呈现蓝紫色时，用60%乙醇定容至20 mL，以0号管调零，混匀后在570 nm处测定吸光度。以含氮量为横坐标，吸光度为纵坐标，绘制标准曲线或求出直线方程。

3. 样品显色和比色

取3支20 mL干燥试管，分别吸取样品滤液1.0 mL，加无氨蒸馏水1.0 mL，其他步骤与制作标准曲线相同，以标准溶液 0 号管调零，在 570 nm 处测定吸光度，从标准曲线中查得或利用直线方程计算出的含氮量，代入公式，得出氨基酸态氮含量。

【结果计算】

$$\text{氨基酸态氮含量}(\mu g \cdot 100\ g^{-1}FW)=\frac{C\times\frac{V}{a}\times n}{W\times 10^{2}}$$

式中：C 为标准线上查得氨基酸态氮含量（μg）；V 为样品提取液总体积（mL）；a 为显色体系中提取液加入量（mL）；n 为样品提取液稀释倍数；W 为样品鲜重（g）。

【参考文献】

[1] 曾俊，苏俊黎．一种比较实用的氨基酸定量测定方法——茚三酮法[J]. 饲料工业，2003，24(10)：42-43.

[2] 朱瑾，李新霞，陈坚．茚三酮比色法测定蒜氨酸原料药中总氨基酸的含量[J]. 西北药学杂志，2008，23(3)：136-138.

【实验后思考题】

1. 茚三酮与所有氨基酸的反应产物颜色都相同吗？为什么？

2. 抗坏血酸在反应体系中的作用是什么？

【注意事项】

1. 合格的茚三酮是微黄色结晶，若保管不当，颜色加深或变成微红色，必须重结晶后方可使用。其方法如下：5 g 茚三酮溶 15 mL 热蒸馏水中，加入 0.25 g 活性炭，轻轻摇动，溶液太稠时，可适量加水，30 min 后用滤纸过滤，滤液置冰箱中过夜后即可见微黄色结晶析出，用干滤纸过滤，再用 1 mL 蒸馏水洗结晶一次，置于干燥器中干燥后贮于棕色瓶中。

2. 生成的二酮茚-二酮茚胺在 1 h 内保持稳定，故稀释后尽快比色。

3. 空气中的氧干扰显色反应的第一步。以抗坏血酸为还原剂，可提高反应的灵敏度，并使颜色稳定。但由于抗坏血酸也可与茚三酮反应，使溶液颜色加深，故应严格掌握抗坏血酸的加入量。

4. 反应温度影响显色稳定性，超过 80℃，溶液易退色，可在 80℃水浴中加热，并适当延长反应时间。

5. 谷物籽粒等含蛋白质的样品可用酸水解法将蛋白质水解后，用本法测定水解液中的氨基酸含量，并计算出样品蛋白含量。

实验三　谷类作物种子中赖氨酸含量的测定

赖氨酸(lysine,Lys)含量是谷物品质的重要指标之一。由于人类及动物不能合成,需从食物中得以补充,因而培育高赖氨酸含量的作物品种,对于提高粮食的营养价值有着重要意义。本实验学习种子赖氨酸含量测定的茚三酮显色法。

【实验前思考题】

1. 什么是人体必需氨基酸?哪些氨基酸属于必需氨基酸?
2. 赖氨酸在植物体内是如何代谢的?

【原理】

谷物蛋白质中赖氨酸残基有自由的游离 ε-氨基,可与茚三酮试剂发生颜色反应,生成蓝紫色物质,吸收峰在 530 nm 处,在一定范围内其吸光度与赖氨酸浓度成正比。因此,可用分光光度计测定其含量。

由于亮氨酸分子上有一个氨基,它相当于蛋白质分子中赖氨酸 ε-氨基;再者,这两种氨基酸的碳原子数目相同。所以,用亮氨酸配制标准溶液,绘制标准曲线,可用于测定蛋白质中的赖氨酸含量。但由于亮氨酸与赖氨酸的相对分子质量不同,故用亮氨酸标准曲线计算赖氨酸时,需乘以校正系数 1.151 5,同时还应从最后的计算结果中减去游离的氨基酸含量。各种作物种子中游离氨基酸的含量是:玉米 0.1%、小麦 0.05%、水稻 0.01%。

【材料、仪器与试剂】

1. 材料与处理

取不同品种的玉米种子,用粉碎机粉碎,过 100 目筛,收集过筛后的细粉,放入广口瓶中,加入 60～90℃的石油醚,使其淹过粉面,浸泡 8 h,不时摇动进行脱脂。然后过滤,沉淀用石油醚淋洗若干次,弃去滤液。将脱脂玉米粉晾在干净的滤纸上,置阴凉通风处吹干石油醚。收集干粉,置于干燥器内,保存备用。

2. 仪器与用具

恒温水浴;分光光度计;漏斗;精密分析天平;移液管;容量瓶;大试管。

3. 试剂

①茚三酮试剂:取 1 g 茚三酮和 2 g 氯化镉($CdCl_2 \cdot 2H_2O$),放入棕色瓶中,加 25 mL 甲酸-甲酸钠缓冲液及 75 mL 乙二醇,室温下放置 1 d 后使用。若出现沉淀,则过滤后使用(配制后 2 d 内用完)。

②甲酸-甲酸钠缓冲液:称取 30 g 甲酸钠溶于 60 mL 热蒸馏水中,再加 10 mL

8%甲酸，最后用蒸馏水定容至 100 mL。

③4%碳酸钠：称取 4 g 无水碳酸钠，溶于 100 mL 蒸馏水中。

④2%碳酸钠：取 25 mL 4%无水碳酸钠溶液加 25 mL 蒸馏水。

⑤亮氨酸溶液：称取 25 mg 亮氨酸，加 1.0 mL 0.5 $mol \cdot L^{-1}$ HCl 溶解，再用蒸馏水定容至 50 mL，则亮氨酸浓度为 500 $\mu g \cdot mL^{-1}$。

【方法与步骤】

1. 标准曲线制作

①取 6 个 25 mL 容量瓶，从 0～5 编号，分别加入亮氨酸溶液 0 mL、1 mL、3 mL、5 mL、7 mL、9 mL，用蒸馏水定容至刻度，则各容量瓶的亮氨酸含量分别为 0 μg、10 μg、30 μg、50 μg、70 μg、90 μg。

②取 6 支 20 mL 大试管，从 0～5 编号，分别加入不同浓度的亮氨酸溶液 0.5 mL，再向每支试管中加入 0.5 mL 4%碳酸钠溶液和 2 mL 茚三酮试剂，管口用软木塞塞紧，摇匀，在 80℃恒温水浴中显色 30 min。冷却 3 min 后加入蒸馏水 5 mL，摇匀。以 1 号管为空白对照，在 530 nm 处读取吸光度。

③以亮氨酸含量为横坐标，以吸光度值为纵坐标，绘制标准曲线或求出直线方程。

2. 样品测定

①称取 20～30 mg 脱脂玉米粉，放入 20 mL 试管中，加入少量干净的细石英砂及 1 mL 2%碳酸钠，用圆头玻璃棒充分搅拌 2 min，然后放入 80℃恒温水浴中提取 10 min。

②从水浴中取出试管，加入 2 mL 茚三酮试剂，加盖摇匀，在 80℃恒温水浴中保温显色 30 min。

③从水浴中取出试管，于冷水中冷却 3 min，加入蒸馏水 5 mL，摇匀。用滤纸过滤（或离心）。取滤液或离心上清液，以标准曲线的 0 号管为空白对照，在 530 nm处测定吸光度，从标准曲线中查得或利用直线方程计算出的亮氨酸含量，代入公式，得出样品中赖氨酸含量。

【结果与计算】

$$\text{赖氨酸含量} = \frac{C \times n}{W \times 10^3} \times 100\% \times 1.1515 - 0.1\%$$

式中：C 为标准曲线上查得的亮氨酸含量（μg）；W 为样品重量（mg）；n 为反应液稀释倍数；10^3 为 μg 换算为 mg；1.151 5 为校正系数；0.1%为游离氨基酸的含量。

【实验后思考题】

1. 利用茚三酮法测定赖氨酸含量过程中哪些环节易出现误差？如何避免？

2. 造成空白有颜色的可能操作步骤有哪些？应怎样避免空白出现颜色？

3. 运用本实验方法测定含油分高的作物种子时，为什么对样品要进行脱脂处理？

【参考文献】

[1] 中国科学院上海植物生理研究所，上海市植物生理学会.现代植物生理学实验指南[M]. 北京：科学出版社，1999：148-149.

[2] 李桂玲，李欢庆. 谷物中赖氨酸含量测定方法的探析[J]. 河南工业大学学报：自然科学版，2006，27 (5)：66-67.

实验四 植物组织中可溶性蛋白含量的测定

植物体内的可溶性蛋白质大多数是参与各种代谢的酶类，其含量是衡量植物总体代谢强弱的一个重要指标。此外，在测定研究酶活性时，常以比活（活力单位・mg^{-1}蛋白）表示酶活力大小及酶制剂的纯度。所以，在植物生理生化上经常需要测定可溶性蛋白含量。本实验学习常用的考马斯亮蓝 G-250 染色法、斐林-酚试剂法和紫外吸收法。

【实验前思考题】

1. 测定植物体内可溶性蛋白质含量有什么意义和用途？试举二例说明。

2. 蛋白质在植物生长发育中主要起哪些主要作用？

一、考马斯亮蓝 G-250 染色法

【原理】

考马斯亮蓝 G-250(Coomassie brilliant blue G-250)在游离状态下呈红色，在稀酸溶液中与蛋白质的疏水区结合后转变为蓝色，前者吸收峰在 465 nm 处，后者在 595 nm 处。在一定浓度范围内（蛋白质 0～100 $\mu g \cdot mL^{-1}$），蛋白质与染料结合物在 595 nm 处的吸光度与蛋白质含量成正比，故可用分光光度计测定蛋白质的含量。此法反应十分迅速，2 min 即达到平衡，其结合物在室温下 1 h 内保持稳定。

【材料、仪器与试剂】

1. 材料

小麦叶片及其他植物材料。

2. 仪器与用具

分光光度计；离心机；研钵；烧杯；容量瓶；移液管；试管等。

3. 试剂

①标准蛋白质溶液（100 μg·mL^{-1}牛血清蛋白）：称取牛血清蛋白 25 mg，加水溶解并定容至 100 mL，吸取上述溶液 40 mL，用蒸馏水稀释至 100 mL 即为 100 μg·mL^{-1}牛血清蛋白。4℃下保存备用。

②考马斯亮蓝 G-250 溶液：称取 100 mg 考马斯亮蓝 G-250，溶于 50 mL 90% 乙醇中，加入 100 mL 85%（*W*/*V*）磷酸，再用蒸馏水定容到 1 000 mL，贮于棕色瓶中。常温下可保存 1 个月。

【方法与步骤】

1. 可溶性蛋白提取

称取鲜样 0.25～0.5 g，用 5 mL 蒸馏水研磨成匀浆，3 000 r·min^{-1}离心 10 min，上清液备用。

2. 标准曲线的制作

取 6 支试管，编号，按表 6-4 加入试剂，混合均匀后，向各管中加入 5 mL 考马斯亮蓝 G-250 溶液，摇匀，放置 2 min 后，以 0 号试管为空白调零，在 595 nm 处测定吸光度（比色应在 1 h 内完成）。以蛋白质含量为横坐标，以吸光度为纵坐标，绘制标准曲线或求出直线方程。

表 6-4　蛋白质标准曲线反应系统中各试剂用量

试剂	管号					
	0	1	2	3	4	5
牛血清蛋白（mL）	0	0.2	0.4	0.6	0.8	1
蒸馏水（mL）	1	0.8	0.6	0.4	0.2	0
每管蛋白质含量（μg）	0	20	40	60	80	100

3. 样品的显色和比色

分别吸取可溶性蛋白提取液 1 mL（依蛋白质含量适当稀释）加入 3 支试管中，每管再加入 5 mL 考马斯亮蓝 G-250 溶液，摇匀，放置 2 min 后，在 595 nm 处测定吸光度，通过标准曲线中查得或利用直线方程计算出的蛋白质含量，代入公式，得出样品中蛋白质含量。

【结果与计算】

$$蛋白质含量(mg \cdot g^{-1})=\frac{C\times\frac{V}{a}\times n}{W\times 10^{3}}$$

式中：C 为由标准曲线中查得或利用直线方程计算出的蛋白质含量(μg)；a 为显色体系提取液加入量(mL)；V 为样品提取液总体积(mL)；n 为样品提取液稀释倍数；W 为组织鲜重(g)；10^3 为将 μg 转换成 mg。

【参考文献】

[1] 裴显庆.用考马斯亮蓝染色方法测定蛋白质含量[J].肉类研究，1990(1)：36-37.

[2] 李娟，张耀庭，曾伟，等.应用考马斯亮蓝法测定总蛋白含量[J].中国生物制品学杂志，2000，13(2)：118-120.

[3] 王孝平，邢树礼.考马斯亮蓝法测定蛋白含量的研究[J].天津化工，2009，23(3)：40-41.

[4] 曲春香，沈颂东，王雪峰，等.用考马斯亮蓝测定植物粗提液中可溶性蛋白质含量方法的研究[J].苏州大学学报：自然科学版，2006，22(2)：82.

二、Folin-酚试剂法

【原理】

Folin (斐林)-酚试剂法又称 Lowry 法，它结合了双缩脲试剂和酚试剂与蛋白质的反应，其显色反应包括两步：首先，在碱性条件下，蛋白质与铜试剂作用生成蛋白质-铜络合物，然后，该络合物将磷钼酸、磷钨酸试剂还原，生成磷钼蓝和磷钨蓝的深蓝色混合物，其颜色深浅与蛋白含量成正相关，在 650 nm 处有吸收峰。由于增强了肽键的显色效果，从而减少了因蛋白质种类引起的误差。该法适于微量蛋白的测定(5～100 μg 蛋白质)。

【材料、仪器与试剂】

1. 材料

各种植物材料。

2. 仪器与用具

分光光度计；离心机；恒温水浴；定量加样器；冷凝回流装置一套；研钵；离心管；刻度移液管；微量滴定管；试管等。

3. 试剂

①Folin-酚试剂甲液：由 A、B 两种溶液组成。A 液：4%碳酸钠(Na_2CO_3)溶液

与 0.2 mol·L^{-1}氢氧化钠(NaOH)溶液等体积混合;B 液:1%硫酸铜($CuSO_4\cdot 5H_2O$)溶液与 2%酒石酸钾钠溶液等体积混合。在使用前将 A 液与 B 液按 50∶1 的比例混合即为 Folin-酚试剂甲液。此试剂只能使用 1 d。

②Folin-酚试剂乙液:称取钨酸钠($Na_2WO_4\cdot 2H_2O$)100 g,钼酸钠($Na_2MoO_4\cdot 2H_2O$)25 g,加蒸馏水 700 mL 溶解于 1 500 mL 的磨口圆底烧瓶中。之后,加入 85%的 H_3PO_4 50 mL,浓 HCl 100 mL,接上冷凝管(使用磨口接头,若用软木塞或橡皮塞时,就必须用锡铂纸包起来),在电炉上使其慢慢沸腾回流10 h。冷却后加入硫酸锂($Li_2SO_4\cdot H_2O$)150 g,蒸馏水 50 mL,溴液 2~3 滴,将回流(冷凝)装置开口煮沸 15 min,以除去过量的溴。待冷却后稀释至 1 000 mL,并过滤入棕色瓶中,密闭于冰箱中保存(冷却后溶液呈黄色,倘若仍呈绿色,须再滴加数滴液体溴,再煮沸 15 min)。使用时用 1 mol·L^{-1}标准 NaOH 溶液滴定,以酚酞作为指示剂,滴定终点由蓝色变灰色。滴定后计算出酸的浓度。使用时大约加 1 倍的水,使最终浓度相当于 1 mol·L^{-1} H^+ 的酸,即为 Folin-酚试剂乙液。

③250 μg·mL^{-1}标准蛋白质溶液:称取 25 mg 牛血清蛋白,用蒸馏水溶解,定容至 100 mL。

【方法与步骤】

1. 可溶性蛋白的提取

称取鲜样 0.25~0.5 g,用 5 mL 蒸馏水研磨成匀浆后,3 000 r·min^{-1}离心 10 min,上清液即为蛋白质提取液,备用。

2. 标准曲线的制作

(1)取 18 mm×200 mm 试管 7 支,编为 0~6 号,按表 6-5 配制标准溶液及进行显色。以不加蛋白的 0 号管为空白,在 650 nm 处用 1 cm 光径的比色杯测定吸光度。以标准蛋白浓度为横坐标,吸光度为纵坐标,绘制标准曲线或求出线性方程。

表 6-5 牛血清白蛋白标准溶液配制及显色程序

试剂	管号						
	0	1	2	3	4	5	6
250 μg·mL^{-1}牛血清蛋白(mL)	0	0.1	0.2	0.4	0.6	0.8	1.0
蒸馏水(mL)	1.0	0.9	0.8	0.6	0.4	0.2	0
每管蛋白质含量(μg)	0	25	50	100	150	200	250
甲液(mL)	5	5	5	5	5	5	5

续表6-5

试剂	管号						
	0	1	2	3	4	5	6
混匀，于30℃下放置10min							
乙液(mL)	0.5	0.5	0.5	0.5	0.5	0.5	0.5
立即振荡混匀，在30℃下准确保温30 min							

3. 样品显色和比色

取3支试管，取可溶性蛋白上清液1 mL(依蛋白质含量适当稀释)于试管中，然后按制作标准曲线中的2～4步操作，以标准溶液的空白管调零，在650 nm处测定吸光度，通过标准曲线中查得或利用直线方程计算出的蛋白质含量，代入公式，得出样品中蛋白质含量。

【结果与计算】

计算蛋白质含量，计算公式同考马斯亮蓝G-250染色法。

【注意事项】

酚试剂仅在酸性条件下稳定，但此实验的反应只在pH 10的情况下发生，所以当加入酚试剂后，必须立即混匀，以便在磷钼酸-磷钨酸试剂被破坏前即能发生还原反应，否则会使显色程度减弱。

【参考文献】

[1] 王学铭.生物化学[M].北京：中国医药科技出版社，2003.

[2] Lowry O H，Rosebrough N J，Farr AL，et al.Protein measurement with the Folinphenol reagent[J].*J Biochem*，1951，193:265-269.

[3] Dryer R L.Experimental Biochemistry [M].NewYork：Oxford，1989.

[4] 罗芳.Folin-酚试剂法蛋白质定量测定[J].黔南民族师范学院学报，2005，3:46-48.

三、紫外吸收法

【原理】

蛋白质分子中的酪氨酸、色氨酸等残基在280 nm波长下具有最大吸收峰。由于各种蛋白质中都含有酪氨酸，因此280 nm的吸光度是蛋白质的一种普遍性质。在一定程度上，蛋白质溶液在280 nm吸光度与其浓度成正比，故可利用分光光度计作蛋白质定量测定。核酸在紫外区(吸收峰为260 nm)也有吸收，可通过校正加以消除。

【材料、仪器与试剂】

1. 材料

小麦叶片及其他植物材料。

2. 仪器与用具

紫外分光光度计；离心机；刻度移液管。

3. 试剂

0.1 mol·L^{-1}磷酸缓冲液，pH 7.0。

【方法与步骤】

1. 样品提取

同 Folin-酚法。

2. 可溶性蛋白测定

根据蛋白质浓度，用 0.1 mol·L^{-1} pH 7.0 磷酸缓冲液对可溶性蛋白提取液进行适当稀释，以 pH 7.0 磷酸缓冲液为空白调零，用紫外分光光度计分别在 280 nm和 260 nm 处测定吸光度。

【结果与计算】

$$蛋白质含量(mg \cdot g^{-1}) = \frac{(1.45A_{280} - 0.74A_{260}) \times n}{W}$$

式中：1.45 和 0.74 为校正值；A_{280} 为蛋白质溶液在 280 nm 处的吸光度；A_{260} 为蛋白质溶液在 260 nm 处的吸光度；n 为稀释倍数；W 为样品重量(g)。

【参考文献】

陈毓荃．生物化学实验方法和技术[M]．北京：科学出版社，2002.

【实验后思考题】

1. 三种测定蛋白质含量的方法各有何优缺点？在实验中如何选择合适的方法并克服其缺点？

2. Folin-酚法测定蛋白质含量的原理是什么？测定中应注意什么问题？

实验五　维生素 C 含量的测定

维生素 C(V_C)，即抗坏血酸，是一种重要的维生素，广泛存在于植物器官和组织，尤其是在新鲜蔬菜、水果中含量较高。V_C 参与许多代谢过程，具有重要的生理作用。它还是植物体内活性氧清除系统的成员之一，参与自由基的清除，在植物衰老和抗性生理中起重要作用。V_C 含量不仅是评价果蔬品质的重要指标，还是植物衰老进程及抗逆性强弱的重要生理指标。

【实验前思考题】

1. 为什么提倡多吃维生素 C 含量高的食品？

2. 哪些因素会加快维生素 C 的降解？

【原理】

V_C 易被抗坏血酸氧化酶破坏，草酸、盐酸、硫酸及偏磷酸均可作为阻抑剂而增加 V_C 在提取液中的稳定性，故在有硫酸及偏磷酸存在的条件下，钼酸铵与 V_C 反应生成蓝色络合物，在一定浓度范围（2～32 $\mu g \cdot mL^{-1}$）内服从朗伯-比尔定律，并且不受提取液中还原糖及其他常见还原性物质的干扰。

【材料、仪器与试剂】

1. 材料

新鲜果实、蔬菜及植物根、茎、叶等。

2. 仪器与用具

磁力搅拌器；离心机；分光光度计；天平；研钵；100 mL 具塞三角瓶；50 mL 量筒；100 mL 离心管；25 mL 具塞试管；100 mL 容量瓶；1 mL、5 mL 移液管等。

3. 试剂

①5%钼酸铵溶液。

②草酸（0.05 $mol \cdot L^{-1}$）-EDTA（0.2 $mmol \cdot L^{-1}$）溶液：取草酸 6.3 g 和 EDTA 钠 0.75 g 用蒸馏水溶解成 1 L。

③硫酸（1∶19）。

④偏磷酸-乙酸溶液：取片状或新粉碎的棒状偏磷酸 3 g，加 1∶5 冰乙酸 40 mL，溶解后，加水稀释至 100 mL，必要时过滤。此试剂在冰箱中可保存 3 d，最好现用现配。

⑤标准 V_C 溶液：精确称取 V_C 100 mg，加适量草酸-EDTA 溶液溶解，并定容于 100 mL 容量瓶，摇匀。此溶液为 1 $mg \cdot mL^{-1}$ V_C，现用现配。

【方法与步骤】

1. 制备标准曲线

取 25 mL 具塞试管 6 支，从 0～5 编号，按表 6-6 配制维生素 C 系列标准溶液和进行显色反应。

表 6-6 维生素 C 标准溶液配制及显色程序

试剂	管号					
	0	1	2	3	4	5
1 mg·mL^{-1}维生素 C(mL)	0	0.1	0.2	0.4	0.6	0.8
草酸-EDTA 溶液(mL)	5	4.9	4.8	4.6	4.4	4.2
每管维生素 C 含量(mg)	0	0.1	0.2	0.4	0.6	0.8
偏磷酸-乙酸溶液(mL)	0.5	0.5	0.5	0.5	0.5	0.5
1∶19 硫酸(mL)	1	1	1	1	1	1
摇匀						
钼酸铵溶液(mL)	2	2	2	2	2	2
蒸馏水定容	至 25 mL	至 25 mL	至 25 mL	至 25 mL	至 25 mL	至 25 mL
立即摇匀,在 30℃水浴中保温 15 min 于 760 nm 波长下读取吸光度						

2. 样品中 V_C 含量的测定

精确称取样品 5～10 g 于研钵中,加少量草酸-EDTA 溶液,研磨至匀浆,置于 100 mL 具塞三角瓶中,加草酸-EDTA 至 50 mL,于磁力搅拌器上搅拌 20 min,放置 0.5 h,倒入 100 mL 离心管中,以 4 000 r·min^{-1}离心 15 min。取上清液 1～5 mL(依 V_C 的含量而定)于 20 mL 具塞试管中,加草酸-EDTA 至 5 mL。以下按标准溶液配制步骤操作。加钼酸铵后如溶液变混浊,待显色 15 min 后,再以 4 000 r·min^{-1}离心 20 min。取上清液,以标准溶液 0 号管调零,在 760 nm 处测定吸光度,通过标准曲线中查得或利用直线方程计算出的 V_C 含量,代入公式,得出样品中 V_C 含量。

【结果与计算】

$$V_C\text{ 含量}(\text{mg}\cdot 100\ \text{g}^{-1}\cdot \text{FW})=\frac{C\times \frac{V}{a}}{W\times 10^2}$$

式中:C 为由标准曲线中查得或利用直线方程计算出的 V_C 含量(mg);a 为显色体系提取液加入量(mL);V 为样品提取液总体积(mL);W 为样品鲜重(g);10^2 为 100 g 样品中 V_C 含量。

【注意事项】

温度对显色有影响,且颜色深度随时间延长而加深,因此显色温度和放置时间要求一致。

【参考文献】

[1] 陈金娥，李冬梅，赵戌利，等．10 种生、熟蔬菜中 V_C 含量及抗氧化性对比研究[J]．食品科技，2012，37(4)：57-64.

[2] 阎树刚，韩涛．果蔬及其制品中维生素 C 测定方法的评价[J]．中国农学通报，2002，18(4)：110-112.

【实验后思考题】

1．如何提高维生素 C 的提取率？

2．实验中如何排除温度对实验结果的影响？

实验六　维生素 E 含量的测定

维生素 E(V_E)又称生育酚，是植物体内一种抗氧化剂和天然营养剂，兼具生物活性高、安全性高和易被人体吸收等功能，广泛应用于食品、药品、保健品和化妆品中，存在于植物器官和组织，尤其是在新鲜蔬菜和水果中含量较高。

【实验前思考题】

1．为什么提倡多吃维生素 E 含量高的食品？

2．维生素 E 提取有哪些方法？

【原理】

V_E 还原三价铁离子形成二价铁离子，而二价铁离子与 1，10-菲绕啉产生显色反应，在 510 nm 下具有最大吸收峰。在一定浓度范围内，其吸收值与 V_E 含量成正比。

【材料、仪器与试剂】

1．材料

新鲜果实、蔬菜及植物根、茎、叶等。

2．仪器与用具

紫外-可见分光光度计；天平；研钵；棕色容量瓶；刻度试管；漏斗；吸管；移液器等。

3．试剂

①无水乙醇；

②1.001 1 mmol·L^{-1}三氯化铁。

③4.012 5 mmol·L^{-1}磷酸。

④6.001 3 mmol·L^{-1} 1,10-菲绕啉。

⑤标准 V_E 溶液:精确称取 V_E 100 mg,加适量无水乙醇溶液溶解,并定容于100 mL 容量瓶,摇匀。此液为 1 mg·mL^{-1} V_E,现用现配。

【方法与步骤】

1. 制备标准曲线

取 25 mL 具塞试管 6 支,从 0~5 编号,吸取 1 mg·mL^{-1}标准 V_E 溶液0 mL、0.4 mL、0.8 mL、1.2 mL、1.6 mL、2.0 mL,分别加入 6 支试管中,加入无水乙醇溶液至 5 mL,各管中 V_E 含量分别为 0 mg、0.4 mg、0.8 mg、1.2 mg、1.6 mg、2.0 mg。再依次向各管中加入 6.001 3 mmol·L^{-1} 1,10-菲绕啉 0.5 mL,1.001 1 mmol·L^{-1}三氯化铁 0.5 mL,显色 15 s后,立即加入4.012 5 mmol·L^{-1}磷酸钼酸铵溶液 0.5 mL,终止显色反应。以 0 号管调零,用 1 cm 光径比色皿,在510 nm 测定吸光度,以 V_E 含量为横坐标,吸光度为纵坐标,绘制标准曲线或求出直线方程。

2. 样品中 V_E 含量的测定

准确称取样品 1 g 左右于研钵中,加少量无水乙醇溶液,研磨至匀浆,过滤到棕色容量瓶中并用无水乙醇定容至 25 mL。取 4 mL 到具塞刻度试管,依次加入0.5 mL 6.001 3 mmol·L^{-1}的菲绕啉、0.5 mL 1.001 1 mmol·L^{-1}的三氯化铁溶液,显色 15 s后立即加入 0.5 mL 4.012 5 mmol·L^{-1}的磷酸溶液终止显色,以标准溶液 0 号管调零,在 510 nm 处测定吸光度,通过标准曲线中查得或利用直线方程计算出的 V_E 含量,带入公式,得出样品中 V_E 含量。

【结果与计算】

$$V_E\text{ 含量}(\mathrm{mg}\cdot 100\ \mathrm{g}^{-1}\cdot \mathrm{FW})=\frac{C\times\dfrac{V}{a}}{W\times 10^2}$$

式中:C 为由标准曲线中查得或利用直线方程计算出的 V_E 含量(mg);a 为显色体系提取液加入量(mL);V 为样品提取液总体积(mL);W 为样品鲜重(g);10^2 为100 g 样品中 V_E 含量。

【注意事项】

注意研磨过程中的匀浆化程度以及过滤时材料的完全转移。

【实验后思考题】

1. 如何提高维生素 E 的提取率?

2. 哪些实验材料中维生素 E 的含量较高?

【参考文献】

刘云，丁霄霖，胡长鹰．分光光度法测定天然维生素E总含量[J]．粮油食品科技，2005，13(4)：47-49.

实验七　蔗糖酶活性的测定

蔗糖酶（invertase）（*β-D*-呋喃果糖苷水解酶）（fructofuranoside fructohydrolase）又称“转化酶”，是一种水解酶。根据催化反应的pH可分为酸性转化酶（acid invertase，AI）和中性转化酶（neutral invertase，NI）。它能将植物体内的主要同化产物蔗糖不可逆地水解为葡萄糖和果糖，为细胞可溶性糖类贮藏库提供可利用六碳糖，以用于细胞壁组成、贮藏多糖及果聚糖的生物合成，并通过与呼吸作用偶联的氧化磷酸化产生能量。植物体的库组织中，一般含有较高活性的蔗糖酶。它是衡量同化产物的转化和利用效率、植物细胞代谢及生长强度的重要指标，其活性与植物的生长发育密切相关。

【实验前思考题】

1. 试述植物体内蔗糖转化酶的种类和分布。

2. 植物体内的蔗糖转化酶在植物生长发育中起哪些作用？

【原理】

蔗糖酶的活性可以用一段时间内其分解底物蔗糖生成产物葡萄糖的量来表示。酸性转化酶和中性转化酶在不同pH条件下发挥作用。酸性转化酶的最适pH在3.0～5.0，中性转化酶最适pH在7.0左右。它们将蔗糖分解成一分子的果糖和一分子的葡萄糖，其中葡萄糖具有还原性。3，5-二硝基水杨酸（DNS）溶液与含葡萄糖的溶液共热后被还原成棕红色的氨基化合物，吸收峰在540 nm处，在一定范围内，颜色深浅与葡萄糖含量成正比。因此，可用分光光度计测定其含量。用单位时间葡萄糖值的变化代表酶活性。

【材料、仪器与试剂】

1. 材料

各种植物叶片、种子。

2. 仪器与用具

研钵；刻度试管；玻璃漏斗；烧杯；容量瓶；刻度移液管；水浴锅；离心机；电子天平；分光光度计。

3. 试剂

①10%蔗糖溶液。

②1 mg·mL^{-1}葡萄糖溶液:准确称取50 mg分析纯葡萄糖(预先在80℃烘至恒重),置于小烧杯中,用少量蒸馏水溶解后,转移到50 mL容量瓶中,用蒸馏水定容至刻度,摇匀,冰箱中保存备用。

③3,5-二硝基水杨酸试剂:取6.3 g 3,5-二硝基水杨酸和262 mL 2 mol·L^{-1} NaOH溶液,加到500 mL含有185 g酒石酸钾钠的热水溶液中,再加5 g结晶酚和5 g亚硫酸钠,搅拌溶解,冷却后加蒸馏水定容至1 000 mL,贮于棕色瓶中备用。

④0.2 mol·L^{-1} $NaHPO_4$溶液:取17.805 g $NaHPO_4$溶于蒸馏水中,并定容至500 mL。

⑤0.1 mol·L^{-1}柠檬酸溶液:取21.01 g柠檬酸溶于蒸馏水中,并定容至500 mL。

⑥pH 4.8的0.1 mol·L^{-1} $NaHPO_4$-柠檬酸缓冲液:取0.2 mol·L^{-1} $NaHPO_4$ 9.86 mL,0.1 mol·L^{-1}柠檬酸溶液10.14 mL,混匀。

⑦pH 7.2的1 mol·L^{-1} $NaHPO_4$-柠檬酸缓冲液:取0.2 mol·L^{-1} $NaHPO_4$ 17.39 mL,0.1 mol·L^{-1}柠檬酸溶液2.61 mL,混匀。

【方法与步骤】

1. 酶液的提取

1 g样品剪碎后,用预冷的蒸馏水在冰浴中研磨成匀浆,定容至100 mL,在冰箱中浸提3 h,4 000 r·min^{-1}离心15 min,上清液即为酶的粗提液。

2. 酶活性的测定

①酸性转化酶:吸酶液2 mL,放入试管中,再加入pH 4.8的缓冲液5 mL及10%蔗糖溶液1 mL,在37℃水浴锅中保温0.5 h,取出后立即按3,5-二硝基水杨酸法测定还原糖的含量(见下步)。以煮沸酶液10 min钝化酶的试管作对照。

②中性转化酶:吸酶液2 mL,放入试管中,再加入pH 7.2的缓冲液5 mL及10%蔗糖溶液1 mL,在37℃水浴锅中保温0.5 h,取出后立即按3,5-二硝基水杨酸法测定还原糖的含量(见下步)。以煮沸酶液10 min钝化酶的试管作对照。

3. 葡萄糖标准曲线的制作及葡萄糖含量的测定

①制作标准曲线:取7支25 mL刻度试管,编号,按表6-7配置不同浓度的葡萄糖标准液。

表 6-7 葡萄糖标准曲线反应系统中各试剂用量

试剂	管号						
	0	1	2	3	4	5	6
1 $mg \cdot mL^{-1}$ 葡萄糖溶液(mL)	0	0.2	0.4	0.6	0.8	1.0	1.2
蒸馏水(mL)	2.0	1.8	1.6	1.4	1.2	1.0	0.8
葡萄糖浓度($\mu g \cdot mL^{-1}$)	0	100	200	300	400	500	600

在上述各管中分别加入 1.5 mL 3,5-二硝基水杨酸试剂，在沸水浴中加热 5 min，取出后立即放入盛有冷水的烧杯中冷却至室温，加蒸馏水定容至 25 mL，混匀，以 0 号管调零，在 540 nm 处分别测定各管的吸光度。以葡萄糖浓度为横坐标，吸光度为纵坐标，绘制标准曲线或求出直线方程。

②酶反应液中还原糖含量的测定：吸取 2 mL 反应液，加入 1.5 mL 3,5-二硝基水杨酸试剂，沸水浴中煮沸 5 min，冷却定容至 25 mL，以标准溶液 0 号管调零，在 540 nm 处测定吸光度，从标准曲线中查得或利用直线方程计算出的葡萄糖浓度，代入公式，得出样品中转化酶活性。

【结果与计算】

转化酶的活性用还原糖量($mg \cdot g^{-1} \cdot FW \cdot h^{-1}$)表示，计算公式如下：

$$A = (C - C') \cdot V/T \cdot W \cdot 1\,000$$

式中：A 为转化酶的活性($mg \cdot g^{-1} \cdot FW \cdot h^{-1}$)；$c$ 为酶反应液中还原糖的浓度($\mu g \cdot mL^{-1}$)；c' 为钝化酶反应液中还原糖的浓度($\mu g \cdot mL^{-1}$)；V 为酶反应液的总体积(mL)；T 为反应时间(h)；W 为材料鲜重(g)。

【参考文献】

於新建．植物生理学实验手册[M]．上海：上海科学技术出版社，1985.

【实验后思考题】

温度对分光光度法测定有影响，怎样避免？

实验八 苯丙氨酸解氨酶活性的测定

苯丙氨酸解氨酶(PAL)是莽草酸途径的关键性酶，也是酚代谢的主要酶之一，其活性与酚类物质的生物合成密切相关，在植物抗病生理中起着重要作用；同时，它也参与木质素的生物合成，使细胞壁加厚，从而达到对病原菌的防御作用，是反映植物抗病性强弱的重要生理指标。

【实验前思考题】

1. 简述植物内的莽草酸途径是如何进行的。

2. 苯丙氨酸解氨酶(PAL)在植物抗病中有何作用?

【原理】

苯丙氨酸解氨酶易被硼酸盐缓冲液提取，和底物 *L*-苯丙氨酸温浴反应后显色，并在 290 nm 处有最大吸收峰。

【材料、仪器与试剂】

1. 材料

不同抗病性植物叶片。

2. 仪器及用具

天平；研钵；磁力搅拌器；离心机；离心管；分光光度计；冰箱；微量移液器和枪头等。

3. 试剂

①0.2 mol·L^{-1}pH 8.8 的硼酸缓冲液：取硼酸 12.4 g 和 NaOH 6.25 g，使用 1 000 mL 0.1 mol·L^{-1} L 氯化钾溶液溶解。

②0.1 mol·L^{-1}，pH 8.8 硼酸缓冲溶液：取①溶液 500 mL 用 0.1 mol·L^{-1} 氯化钾溶液稀释至 1 000 mL，调 pH 至 8.8。

③含 0.02 mol·L^{-1} *L*-苯丙氨酸的硼酸缓冲溶液(0.1 mol·L^{-1}，pH 8.8)：称取 16.5 g *L*-苯丙氨酸溶于 500 mL 溶液①中。

④聚乙烯吡咯烷酮 (pvp) 。

⑤石英砂。

【方法与步骤】

1. 酶液的提取

分别称取不同抗病性植物叶片材料各 2 g，置于预冷的研钵中，剪碎并加入 0.2 mol·L^{-1} pH 8.8 的硼酸提取缓冲液(内含 0.1 g pvp 和 0.1 g 石英砂)2 mL，冰浴研磨成匀浆，转入 10 mL 离心管中，再分 2～3 次加入 3 mL 提取缓冲液冲洗研钵及钵棒，将冲洗液合并转入离心管，振荡 5 min 后于 4℃下静置 2 h，取出后以 15 000 r·min^{-1}，4℃下离心 20 min，上清液即为 PAL 的酶粗提液，－20℃下保存备用。

2. 酶活性测定

在 5 mL 试管中加入 0.1 mL 酶粗提液和 2.4 mL 硼酸缓冲溶液，混合摇匀后，再加入 1 mL 内含 0.02 $mol \cdot L^{-1}$ L-苯丙氨酸的硼酸缓冲溶液，充分混匀，放置于 30℃恒温水浴中反应 60 min，再放入冰浴中终止反应，290 nm 处测定吸光度。以不加酶粗提液，而加入同等体积的提取缓冲液作为空白对照。以每小时 OD_{290} 变化 0.01 作为一个酶活性单位 U，用 $U \cdot g^{-1} \cdot FW$ 表示酶活性。每样品 3 次重复。

【结果与计算】

以每小时 OD_{290} 变化 0.01 作为一个酶活性单位 U，酶活性用 $U \cdot g^{-1} \cdot FW$ 表示。

【注意事项】

温度对比色有影响，放置至室温后再比色。

【实验后思考题】

1. 植物感病后，抗病和感病材料的 PAL 活性差异如何？

2. 实验中如何排除温度对实验结果的影响？

【参考文献】

[1] 上海植物生理研究所. 现代植物生理学实验指南[M]. 北京：科学出版社，1999.

[2] 李靖，利容千，袁文静. 黄瓜感染霜霉病菌叶片中一些酶活性的变化[J]. 植物生理学报，1991，21(4)：277-283.

第七章　植物生长物质

植物的正常生长和发育，不仅需要水分、矿质元素和有机物等为其提供能量和组成物质，还需要一类具有特殊作用的生理活性物质——植物激素和其他内源的生长物质对其进行调节和控制。这类物质能在极低的浓度下，促进或抑制植物的生长发育，或使生长发育发生质的变化。植物内源的和人工合成的生长物质已广泛应用于农林生产，在促进种子萌发、促进插条生根、抑制营养生长、使植株矮化健壮、促进花芽分化、延长花期、刺激单性结实、促进坐果和果实膨大、疏花疏果、防止落果、促进果实成熟、延缓果实衰老、增强抗逆性以及组织培养繁育苗木等方面，发挥着巨大的作用。本章将主要介绍植物激素提取、分离与含量测定和生长素类物质对根、芽生长效应的实验方法。

实验一　植物激素提取、分离与含量测定

植物激素是最重要的内源生长物质。它们在特定的组织或器官内形成后，就地或运输到其他部位起调节与控制作用。天然的植物激素在植物体内含量甚微，一般为植物组织鲜重的 $10^{-9} \sim 10^{-7}$。目前，国际上公认的植物激素有 5 大类：生长素类、赤霉素类、细胞分裂素类、脱落酸类和乙烯。

在植物生长物质的研究中，精确地测定它们在植物体内的含量和动态变化受到人们重视。随着现代分析技术的发展，现已建立了生物检测、仪器分析和免疫测定 3 大类方法体系。

【实验前思考题】

1. 植物的生长物质都包括哪些类物质？

2. 植物激素是如何调控植物生长发育的？

一、植物激素的提取、分离与纯化

【原理】

利用植物激素能溶解于有机溶剂(如丙酮、甲醇)的特性进行粗提,再将粗提物经过一系列的分离技术(如萃取、薄层层析或柱层析等)进行纯化,然后对纯化的激素进行生物学鉴定或物理化学测定。

【材料、仪器与试剂】

1. 材料

植物新鲜样品。

2. 仪器及用具

高速冷冻离心机;恒温箱;可调微量进样器;离心管;研钵或匀浆器;试管。

3. 试剂

①提取液:80%甲醇,内含 1 mmol · L^{-1} BHT(二叔丁基对甲苯酚,为抗氧化剂)。由于 BHT 不易溶于 80%甲醇,需先用甲醇溶解 BHT,再用蒸馏水调至 80%。

②80%甲醇:平衡 C_{18}柱。

③100%甲醇:清洗 C_{18}柱。

④100%乙醚:清洗 C_{18}柱。

⑤磷酸盐缓冲液(PBS):称取 8.0 g NaCl,0.2 g NaH_2PO_4,2.96 g $Na_2HPO_4 \cdot 12H_2O$,溶解后用蒸馏水定容至 1 000 mL,pH 为 7.5(若药品称量无误,一般不必调 pH)。

⑥样品稀释液:在 100 mL PBS 中加 0.1 mL Tween-20,0.1 g 白明胶(稍加热溶解)。

⑦液氮(取样时尽可能使用液氮固定)。

【方法与步骤】

1. 取样

利用酶联免疫分析技术测定激素含量,要求所有样品集中测定,以增加相互之间的可比性。若分次取样,必须迅速称重、包装、标记、用液氮冷冻 15 min,取出后置−20℃贮藏。若无液氮,可先迅速称重、包装、标记,放−40℃冰箱中贮存。样品贮存一年以内测定不会有变化。待全部取样结束后集中检测。

2. 取样量

对于 ELISA 测定,若 5 种激素全部测定,只需 1～1.5 g 鲜样,但在很多情况下 1～1.5 g 样品并无代表性,在此种情况下,最好是用液氮磨细全部样品,混匀,再称取 1～1.5 g 样品。也可以用剪刀将样品剪碎,再取 1～1.5 g 样品包装,冰冻保存，此法缺点是样品取样后在室温下时间太长，内部激素会发生变化。

3. 前处理

(1)精确称取 1 g 左右材料，加 2 mL 样品提取液，在冰浴下研磨成匀浆(一定要磨细)，转入 10 mL 试管，再用 2 mL 提取液分次洗净研钵，并转入试管中，摇匀，4℃下提取 4 h。

(2)在 4℃下 3 500～4 000 r·min^{-1}离心 15 min、取上清液，沉淀中加 1 mL 提取液，搅匀，置 4℃下再提取 1 h，离心，合并上清液。注意一批样品由于磨样时间持续较长，应尽量让所有样品的提取时间一致。全部样品所用提取液的体积尽量保持 1 g 用 5 mL 左右的提取液比例。

(3)过 C_{18} 预处理柱

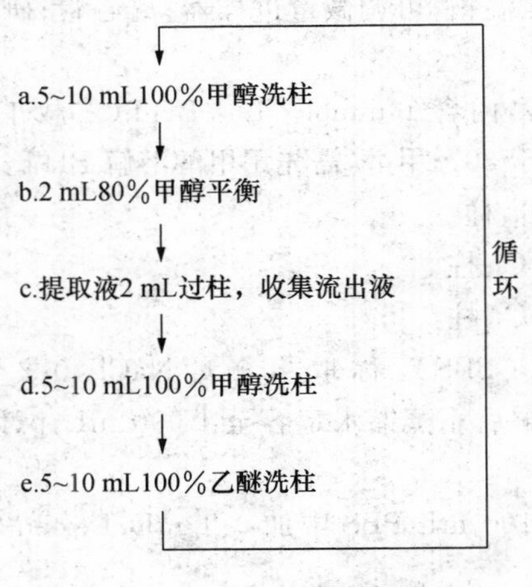

图 7-1 C_{18} 柱预处理过程

(4)用微量进样器取过柱后的样品 200 μL，用 N_2 气吹干，或者经冷冻干燥，再用样品稀释液定容。一般 1 g 鲜重用 1.5～2 mL 样品稀释液定容，摇匀后再用于测定。样品定容后需尽快测定，一般只能在 4℃下放置 1 周，吹干或冷冻干燥后而不定容的样品在冰箱中可冻存较长时间。

二、酶联免疫吸附检测法测定植物激素含量

【原理】

植物激素免疫定量测定主要有放射免疫分析和酶联免疫吸附检测 (enzyme-linked immunosorbent assay，简称 ELISA)，由于前者操作上有不安全因素等原

因，目前常采用后一种方法。植物激素 IAA、GA、CTK、ABA 等都建立了相应的 ELISA 检测法并有试剂盒出售。

在 ELISA 中，抗原抗体反应的检测依靠酶标记物来实现，常用的酶有辣根过氧化物酶（HRP）和碱性磷酸酯酶。酶可直接标记激素分子，称为酶标植物激素；也可标记于第二抗体（识别抗激素抗体的抗体），称为酶标二抗。这两类标记物分别用于固相抗体型（直接法）和固相抗原型（间接法）ELISA。

①固相抗体型 ELISA：利用游离抗原（游离激素）与游离酶标激素与吸附的激素抗体进行竞争，来确定游离激素的含量。先将兔抗鼠 Ig 抗体（RAMIG，二抗）吸附于固相载体上（包被），再加入识别激素的单克隆抗体（MAb，一抗）与之结合，然后加入激素标准品（或待测样品）和 HRP 标记激素（酶标激素），让二者与固相化的 MAb 竞争结合。通过测定酶标激素的被结合量，可换算出未知样品中激素的数量。

②固相抗原型 ELISA：利用游离抗原（游离激素）和吸附抗原（吸附激素）与游离的激素抗体（一抗，Ab）进行竞争结合，来确定游离激素的含量。先将“激素-蛋白”复合物吸附到固相载体上（包被），再加入激素标准品（或待测样品）和激素多克隆抗体（PAb，一抗），使游离激素和固定化激素与游离抗体进行竞争结合，然后让 HRP 标记的羊抗兔 Ig 抗体（HRP-GARIG，酶标二抗）与结合在固相上的 PAb 反应，通过测定与固相结合的酶量来确定与固定化激素结合的激素多克隆抗体的数量，进而换算出未知样品中激素的含量。

固相抗原型 ELISA 的反应原理如下：

$$\mathrm{Ab}+\mathrm{H}+\mathrm{HP}=\mathrm{AbH}+\mathrm{AbHP}$$

式中：Ab 为抗体；H 为游离抗原（游离激素）；HP 为吸附在固相载体上的激素-蛋白复合物；AbH 为抗体与游离抗原结合物；AbHP 为抗体与固定化抗原结合物。

根据质量作用定律，当反应体系中的 Ab 和 HP 的数量一定时，H 越多，与游离抗体结合的机会越大，形成的 AbH 就越多；而固定化的 HP 与 Ab 结合的机会就越小，形成的固定化的 AbHP 就越少。通过酶标二抗检测 AbHP 的形成数量，就可确定游离 H 的数量。

本实验采用固相抗原法。

【材料、仪器与试剂】

1. 材料

高等植物、真菌、藻类等组织或器官。

2. 仪器与用具

酶联免疫检测仪;高速冷冻离心机;恒温箱;连续进样器;涡旋仪;40 孔聚苯乙烯微孔板;离心管;研钵或匀浆器;试管。

3. 试剂

①包被缓冲液:称取 1.5 g Na_2CO_3,2.93 g $NaHCO_3$,溶解后用蒸馏水定容至 1 000 mL,pH 为 9.6。

②洗涤缓冲液 0.01 mol·L^{-1} pH 7.4 的磷酸盐缓冲液(PBS),含 0.05% Tween-20。

③底物缓冲液:称取 5.10 g 柠檬酸($C_6H_8O_7 \cdot H_2O$),18.43 g $Na_2HPO_4 \cdot 12H_2O$,用蒸馏水溶解后定容至 1 000 mL,再加 1 mL Tween-20,pH 为 5.0。

注:以上缓冲液均置 4℃冰箱贮存,最长 1 周,若发现缓冲液出现絮状,应重新配制。

④"激素-蛋白"复合物溶液。

⑤0.1%封闭蛋白(该蛋白应不同于免疫原中的载体蛋白)。

⑥激素抗体(PAb)。

⑦激素标准品母液。

⑧HRP 标记二抗(HRP—GARIG)。

⑨邻苯二胺(OPD)基质(底物)液:5 mg OPD 溶于 12.5 mL 底物缓冲液,用前加入 30%H_2O_2 12.5 μL。基质液要现配现用,最好在步骤 6 洗板时配置,由于 OPD 有毒,注意不要沾在手上及其他器皿上。

⑩终止液:2 mol·L^{-1} H_2SO_4。

【方法与步骤】

1. 包被

用蒸馏水冲洗酶标板数次,甩干,在每孔加入 100 μL 激素-蛋白复合物溶液,包被反应板微孔。各激素的包被条件:湿盒,IAA 4℃过夜;ABA、Z+ZR、iP+iPA、DHZ+DHZR、GA 均为 37℃ 3 h。包被时切记包被缓冲液不要被表面活性剂如 Tween-20 等污染。

2. 洗板

弃去孔中溶液,将洗涤液均匀加到微孔中,洗涤 3 次,甩干。

3. 加标准激素(或待测样品)和激素抗体

向各孔加入 50 μL 标准激素(或样品液)和 50 μL 抗体。

①配激素标样:取激素标样(100 μg·mL^{-1})20 μL 于 0.98 mL 样品稀释液中,配成 2 000 ng·mL^{-1}的激素母液,然后依次稀释为 1 000 ng·mL^{-1}、500 ng·

mL^{-1}、250 ng·mL^{-1}、125 ng·mL^{-1}、62.5 ng·mL^{-1}、31.25 ng·mL^{-1}的系列溶液。

②按图7-2的设计向反应板各微孔中加入50 μL标样或50 μL样品。注意加标样应从低浓度向高浓度方向顺序加样。每加一个待测样品应更换吸头，以免互相污染，B_0孔加入样品稀释液50 μL。

	1	2	3	4	5	6	7	8	9	10
A	2 000	1 000	500	250	125	62.5	31.25	B_0	样品	样品
B	2 000	1 000	500	250	125	62.5	31.25	B_0	样品	样品
C	样品	样品	样品	样品	样品	样品	样品	样品	样品	样品
D	样品	样品	样品	样品	样品	样品	样品	样品	样品	样品

图7-2 微孔板加样设计图

③向各孔加入抗体50 μL（抗体按给定的稀释倍数稀释）。竞争条件：湿盒，IAA、ABA、GA_3、ZR+Z、iPA+iP、DHZR+DHZ均为37 ℃ 0.5 h，GA_4为37 ℃ 15～17 min。若进行多板操作，最好先全部加好标样和样品，再统一加抗体。

4. 洗板

加洗涤液时从标准溶液的低浓度侧向高浓度侧加，防止各孔的交叉污染，第一次加洗涤后要立即甩掉，然后再洗涤3次。

5. 加酶标二抗（IgG-HRP）

每孔100 μL。IgG-HRP按给定的倍数稀释，反应条件为湿盒，37℃下30 min。

6. 洗板

用洗涤液洗板5次，甩干。

7. 加酶反应基质

向每孔加OPD溶液100 μL，在37℃下湿盒显色15～20 min。显色时间要灵活掌握，其原则是，要使2 000 ng·mL^{-1}孔的颜色浅，B_0孔的颜色深，两者之间OD值相差最大时为好。加底物时若无多通道加样器，用单道枪加样时，速度要快。

8. 终止反应

加入50 μL的H_2SO_4，终止显色反应。加样顺序和速度要与加底物速度相同。

9. 求值

以加入激素母液的孔（2 000 ng·mL^{-1}）为空白调零，用酶联免疫检测仪测定490 nm下各孔的A_{490}值，求出每份样品重复孔的平均值。

【结果与计算】

1. 建立直线方程

用 B_i 代表加入标准溶液或样品液各孔的吸光度(A_{490}),B_0 代表不加激素孔的吸光度,则以系列标准激素溶液的浓度($ng \cdot mL^{-1}$)的常用对数为自变量(x),以 $\ln[B_i/(B_0-B_i)]$ 为因变量(y),可得直线方程 $y=a+bx$。

2. 计算待测样品孔的激素浓度

将待测样品孔的 A_{490} 值(B_i)代入直线方程,计算出待测样品孔中激素浓度($ng \cdot mL^{-1}$)。

3. 计算样品的激素含量

将从直线方程得到的激素浓度($ng \cdot mL^{-1}$)代入下式:

$$A=\frac{NV_2V_3B}{V_1W}$$

式中:A 为样品中的激素含量($ng \cdot g^{-1}FW$);N 为品孔中的激素浓度($ng \cdot mL^{-1}$);V_1 为干燥浓缩的上清液体积(mL);V_2 为取样品后,上清液的总体积(mL);V_3 为干燥浓缩后用稀释液溶解的体积(mL);B 为品液的稀释倍数;W 为样品鲜重(g)。

根据激素的相对分子质量可将 $ng \cdot g^{-1}FW$ 换算为 $pmol \cdot g^{-1}FW$。

【实验后思考题】

1. 在植物激素过柱纯化过程中,甲醇和乙醚分别起什么作用?

2. 在植物激素比色测定中,若各孔无颜色变化,请解释为什么?

【参考文献】

[1] 吴姗,骆耀平. 植物激素常用提取分离纯化及 HPLC 分析研究进展[J]. 福建茶叶,2000,2:5-7.

[2] 吴颂如,陈婉芬,周燮. 酶联免疫法(ELISA)测定内源植物激素[J]. 植物生理学通讯,1988(5):53-57.

实验二 生长素类物质对根、芽生长的效应

生长素类物质具有许多生理效应,不仅影响细胞分裂、伸长和分化,也影响营养器官和生殖器官的生长、成熟和衰老。部分人工合成的生长素类物质,如萘乙酸(NAA)、2,4-D 等,由于原料丰富,生产过程简单,目前在农业上得到了广泛的推广和使用。本实验主要学习生长素对植物生长的促进和抑制的双重效应。

【实验前思考题】

1. 生长素类物质有哪些生理效应?

2. 人工合成的生长素类物质有哪些?都有哪些应用?

【原理】

生长素及人工合成的类似物质(如萘乙酸等)一般在低浓度下对植物生长有促进作用,高浓度则起抑制作用。即使对同一浓度的生长素,植物的不同器官也有不同的反应。各器官的敏感性一般为:根>芽>茎。

【材料、仪器与试剂】

1. 材料

小麦种子。

2. 仪器与用具

恒温培养箱;培养皿;镊子;移液管;直尺;圆形滤纸(直径与培养皿底内径相同);记号笔。

3. 试剂

10 mg·L^{-1}萘乙酸 NAA:称取 10 mg NAA 晶粉,先用少量 95%乙醇溶解,再用水定容至 1 000 mL。

【方法与步骤】

1. 取小麦种子用 0.1% $HgCl_2$ 消毒 10 min,30℃浸种 5 h,然后置于潮湿环境中 25℃以下培养 24 h,使小麦种子处于刚刚萌动状态。从中挑选 70 粒饱满、大小一致、刚刚萌动(露白)的小麦种子,备用。

2. 取 7 套洁净培养皿,从 1~7 编号。除 1 号皿外,其余各皿分别加入 9 mL 水。向 1 号皿加入 10 mL 10 mg·L^{-1}NAA,从中取 1 mL 加入 2 号皿,混匀后,再从中取 1 mL 加入 3 号皿,摇匀,依此类推,直至 6 号皿,最后从 6 号皿中取 1 mL 弃去。每皿中溶液体积为 9 mL,7 号皿无 NAA 作为对照,这样 1~7 号皿溶液中 NAA 浓度依次为 10 mg·L^{-1}、1 mg·L^{-1}、10^{-1} mg·L^{-1}、10^{-2} mg·L^{-1}、10^{-3} mg·L^{-1}、10^{-4} mg·L^{-1}、0 mg·L^{-1}。

3. 在每皿中放入一张洁净滤纸,每皿放 10 粒挑选出种子,加盖。放入 25℃恒温箱培养。3 d 后检查各皿中小麦的生长情况。测量不同处理的幼苗的平均根数、平均根长和平均芽长。

【结果与计算】

将结果填入表 7-1,对实验结果进行分析。

表 7-1 NAA 浓度对根、芽生长的影响

培养皿号	1	2	3	4	5	6	7
NAA 浓度($mg \cdot L^{-1}$)							
平均根数(条)							
平均芽长(mm)							
平均根长(mm)							

【实验后思考题】

1. 小麦种子根、芽生长对不同浓度 NAA 的反应有何不同?

2. 为什么高浓度的生长素会抑制植物的生长? 在生产应用上如何避免生长素的这种不利效应?

【参考文献】

柏新付,卜庆梅. 生长素类物质对根芽生长效应实验的改进[J].烟台师范学院学报:自然科学版,1997,13(4):319-320.

第八章 植物的生长发育

被子植物的生活周期经过胚胎形成、种子萌发、幼苗生长、营养体形成、生殖体形成、开花、果实和种子形成、衰老死亡等各生长发育阶段，与之相伴植物体内发生着相关的代谢反应。本章将介绍植物组织培养、种子和花粉活力快速测定及谷物种子萌发时淀粉酶活性的测定方法。

实验一 植物组织培养

植物的组织培养是指在无菌和人工控制的条件下，将离体的植物组织、器官、细胞进行培养，使之生长、增殖并再生为完整植株的技术和方法，其广泛应用于育种、基因工程、植物脱毒快繁、植物次生物质生产等领域。

【实验前思考题】

1. 植物激素对愈伤组织形成及器官分化有何影响？
2. 不同比例的植物激素对植物组织的生长分化有何影响？

【原理】

植物细胞具有全能性，即每个植物细胞包含着能产生完整植株的全部遗传基因，从理论上讲，只要条件合适，包含着全部遗传基因的细胞都能发育成完整的植株。

【材料、仪器与试剂】

1. 材料

烟草。

2. 仪器及用具

天平（药物天平、单盘天平和分析天平）；高压灭菌锅；三角瓶；容量瓶；移液管；酒精灯；长柄镊子；解剖刀；烧杯；剪刀；培养皿；pH 试纸；超净工作台；棉花、线绳、吸水纸、纱布、油纸。

3. 试剂

75%乙醇;0.1% $HgCl_2$;无菌水;1 mol·L^{-1} NaOH;1 mol·L^{-1} HCl;6-BA;NAA;IAA;蔗糖;琼脂。

【方法与步骤】

1. 培养基的配制

以 MS 培养基作为基本培养基,其激素处理如下:

①MS_0(不加激素)。

②MS+BA 1 mg·L^{-1}+NAA 2 mg·L^{-1}。

③MS+BA 0.5 mg·L^{-1}+IAA 0.1 mg·L^{-1}。

以上处理均加入蔗糖 30 g·L^{-1}、琼脂 5 g·L^{-1},pH 调至 5.8。分装入50 mL 的三角瓶,每升 60 瓶,在高压锅内 121~126℃恒温灭菌 20 min。

2. 材料的处理

①烟草叶片的处理:叶片取下后,先用自来水冲洗干净,然后用 0.1% 的 $HgCl_2$ 消毒 8 min,在无菌条件下用无菌水冲洗 3~4 次,置于无菌培养皿中备用。

②接种:在超净工作台上用火焰灭菌过的解剖刀将叶片的主脉除去,将叶组织切成 5 mm×5 mm 的小方块,每瓶接种 3~4 块。注意叶片放入培养基时,上表皮朝上,下表皮与培养基接触。

3. 培养

接种结束后将三角瓶放入培养室(温度控制在 25~28℃)的培养架上进行培养,2 周后开始观察记载,每 5 d 1 次,至出现明显的结果。

【注意事项】

进接种室前,每人都必须把手洗干净,换上拖鞋,操作前用酒精棉擦手,不准把与实验无关的物品带进接种室,以免引起污染。

【参考文献】

[1]崔兴林,秦新惠. 植物组织培养操作技术[J].林业科学,2012,24:182-183.

[2]胡能兵,崔广荣,张子学,等. 植物组织培养实验环节的改革与创新[J].现代农业科技,2012,23:339-341.

[3]王蒂. 植物组织培养[M].北京:中国农业出版社,2004.

【实验后思考题】

1. 比较实验中 3 种培养基上组织生长分化的状况有什么差异? 并对此进行解释。

2. 在组织培养过程中应注意什么?

实验二 种子生活力的快速测定

种子生命力是指种子生命的有无，生活力是指种子发芽的潜在能力。如何快速而准确地测定种子的生活力，一直受到人们的重视。快速测定生活力不仅对那些具有休眠特性的种子是必要的，而且对播种前种子的紧急调运、种子交换、基因库种子的质量监测、非休眠种子的大批量检验也是非常重要的。本实验学习几种常用的快速测定种子生活力的方法。

【实验前思考题】

1. 何为种子休眠？种子休眠的原因是什么？
2. 种子在萌发过程中发生哪些生理生化变化？

一、TTC法

【原理】

凡有生活力的种子胚，在呼吸过程中都会发生氧化还原反应，当种子用2,3,5-氯化三苯基四氮唑（TTC）的水溶液浸泡时，TTC渗入到种胚细胞内，并作为氢受体从无色的氧化态被还原成不溶性的红色三苯基甲臜（TTF）。而无生活力的种子则不能发生这样的反应，种胚生活力衰退或部分丧失生活力，则染色较浅或局部被染色，因此，可以根据种胚染色的部位或染色的深浅程度来鉴定种子的生活力。

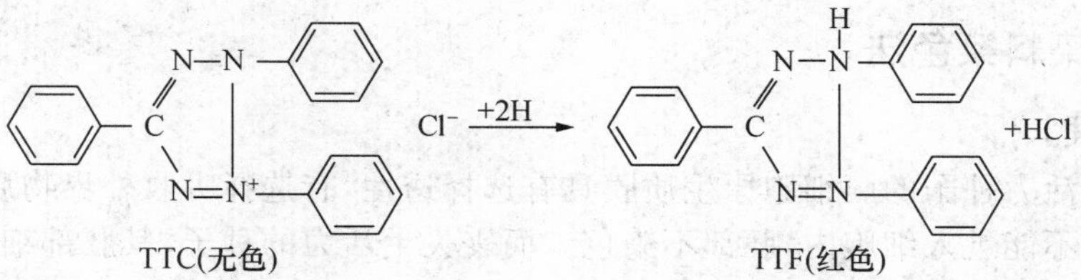

Cl^- $\xrightarrow{+2H}$ +HCl

TTC(无色)　　TTF(红色)

【材料、仪器与试剂】

1. 材料

玉米、大豆、小麦等植物种子。

2. 仪器与用具

小烧杯；刀片；镊子；恒温箱。

3. 试剂

0.5% TTC溶液：称取0.5 g TTC放入烧杯中，加入少许95%的乙醇使其溶解，然后用蒸馏水定容至100 mL，避光保存(不宜久藏，应现配现用)。

【方法与步骤】

1. 浸种

将种子用温水(30～35℃)浸泡2～6 h，使种子充分吸胀。

2. 染色

随机取种子100粒，水稻种子要去壳，豆类种子要去皮，然后沿种胚中央准确切开，取其一半备用。将准备好的种子放入培养皿，浸于TTC试剂中，于恒温箱(30～35℃)中保温30 min。也可在20℃左右的室温下放置40～60 min。

3. 观察

倒出TTC溶液，再用清水将种子冲洗1～2次，观察种胚被染色的情况。无生活力种子的特征：胚全部或大部分不染色；胚根不染色部分不限于根尖；子叶不染色超过1/2；胚染成很淡的紫红色或淡灰红色；子叶与胚中轴的连接处或在胚根上有坏死的部分；胚根受伤以及发育不良。

【注意事项】

染色结束后要立即进行鉴定，因放久会退色。

【参考文献】

[1]刘亚丽，赵喜亭．测定种子生活力方法的比较与改进[J].实验技术与管理，2011，1(28)：46-48.

[2]陈建勋，王晓峰．植物生理学实验指导[M].广州：华南理工大学出版社，2004.

二、染料染色法

【原理】

有生活力种子的胚细胞原生质膜具有选择透性，有选择吸收外界物质的能力，一般染料不能进入细胞内，胚部不染色。而丧失生活力的种子，其胚部细胞原生质膜丧失了选择吸收能力，染料可自由进入细胞内使胚部染色，所以可根据种子胚部的染色情况来判断种子是否具有生活力。常用染料是红墨水和靛红溶液。后者应用更广，它适用于禾谷类、豆类、麻类、瓜类、十字花科植物、棉花、果树、乔灌木种子的生活力测定。

【材料、仪器及试剂】

1. 材料

种子。

2. 仪器与用具

小烧杯；刀片；镊子。

3. 试剂

0.5%红墨水或0.02%～0.2%靛红溶液。

【方法与步骤】

同 TTC 法。

【注意事项】

染料的浓度要适当，染色时间不能太长，如用红墨水染色，只需 5～10 min 即可，否则不易区别染色与否。

【参考文献】

[1] 马爱玲，王新明，孙德江．种子生活力的快速测定法[J].中国种业，2002，5:24.

[2] 傅家瑞．种子与农业生产[J]，植物生理学通讯，1993，4:314.

三、荧光法

【原理】

植物种子中常含有一些能够在紫外线照射下产生荧光的物质，如某些黄酮类、香豆素类、酚类物质等。在种子衰老过程中，这些荧光物质的结构和成分往往发生变化，因而荧光的颜色也相应地有所改变。有些种子在衰老死亡时，内含荧光物质虽然没有改变，但由于生活力衰退或已经死亡的细胞原生质透性增加，当浸泡种子时，细胞内的荧光物质很容易外渗。因此，既可以根据前一种情况直接观察种胚荧光来鉴定种子的生活力，也可以根据后一种情况观察荧光物质渗出的多少来鉴定种子的生活力。

【材料、仪器与用具】

1. 材料

禾谷类、松柏类及某些蔷薇科果树的种子。

2. 仪器与用具

紫外光灯；白纸(不产生荧光的)；刀子；镊子；培养皿；烧杯。

【方法与步骤】

1. 直接观察法

这种方法适用于禾谷类、松柏类及某些蔷薇科果树种子生活力的鉴定，但种间的差异较大。用刀片沿种子的中心线将种子切为两半，使其切面向上放在无荧光的白纸上，紫外光灯下观察。有生活力的种子呈蓝色，无生活力的种子多呈黄色、褐色以至暗淡无光，并带有多种斑点。

2. 纸上荧光

随机选取50粒完整无损的种子，置烧杯内，加蒸馏水浸泡10～15 min，使种子吸胀，然后将种子沥干，再按0.5 cm的距离摆放在湿滤纸上(滤纸上水分不宜过多，防止荧光物质流散)，以培养皿覆盖静置数小时后将滤纸(或连同上面摆放的种子)风干(或用电吹风吹干)。置于紫外光灯下照射，可以看到摆过死种子的周围有一圈明亮的荧光团，而具有生活力的种子周围则无此现象。

这个方法对白菜、萝卜等十字花科植物种子生活力的鉴定效果很好，不适用一些在衰老、死亡后减弱或失去荧光的种子。

【参考文献】

郑晓鹰．用纸上荧光圈法快速测定十字花科蔬菜种子生活力[J].植物生理学通讯，1980(3)：66-68.

四、溴麝香草酚蓝法

【原理】

溴麝香草酚蓝法，又称BTB法。有生活力种子的胚细胞具有呼吸作用，吸收O_2，放出CO_2，CO_2溶于水成为H_2CO_3，H_2CO_3解离成H^+和HCO_3^-，H^+使得种胚周围环境的酸度增加，可用溴麝香草酚蓝(BTB)来测定酸度的变化。BTB的变色范围为pH 6.0～7.6，酸性呈黄色，碱性呈蓝色，中间经过绿色(变色点为pH 7.1)。色泽变化显著，易于观察。

【材料、仪器与试剂】

1. 材料

种子。

2. 仪器与用具

恒温箱；天平；培养皿；小烧杯；镊子；漏斗；滤纸；琼脂。

3. 试剂

①0.1% BTB溶液：称取BTB 0.1 g溶解于煮沸过的自来水中(配制指示剂的水应为微碱性，使溶液呈蓝色或蓝绿色，蒸馏水为微酸性不宜用)，然后用滤纸滤去残渣。滤液若呈黄色，可加数滴稀氨水，使之变为蓝色或蓝绿色。此液贮于棕色瓶中可长期保存。

②1% BTB琼脂凝胶：取0.1% BTB溶液100 mL置于烧杯中，将1 g琼脂剪碎后加入，用小火加热并不断搅拌。待琼脂完全溶解后，趁热倒在数个干净的培养皿中，形成一均匀的薄层，冷却后备用。

【方法与步骤】

1. 浸种

同 TTC 法。

2. 染色

随机取吸胀种子 100 粒，整齐地埋于准备好的琼脂凝胶培养皿中，种子平放，间隔距离至少 1 cm。将培养皿置于 30～35℃下培养 3 h，在蓝色背景下观察，如种胚附近呈现较深黄色晕圈是活种子，否则是死种子。用沸水杀死的种子作同样处理，进行对比观察。

3. 计数种胚附近出现黄色晕圈的活种子数，计算活种子比例

【参考文献】

［1］彭子模，李进，原惠，等．不同种子生活力快速测定方法的比较研究[J].新疆师范大学学报：自然科学版，1997，3(16)：16-20.

［2］上海植物生理学会．植物生理学实验手册[M].上海：上海科学技术出版社，1985.

【实验后思考题】

1. 试比较上述几种方法鉴定种子生活力的异同点。
2. 实验结果与实际情况是否相符，为什么？

实验三 花粉活力的测定

通过花粉活力的测定，可以了解花粉的可育性，并掌握不育花粉的形态和生理特征。在作物杂交育种、作物结实机理和花粉生理的研究中，常涉及花粉活力鉴定。掌握花粉活力的快速测定方法，是进行雄性不育株的选育、杂交技术的改良以及揭示内外因素对花粉育性和结实率影响的基础。

【实验前思考题】

花粉活力的测定方法与种子活力的测定方法有何异同？

一、TTC 法

【原理】

见本章实验二的 TTC 法。

【材料、仪器与试剂】

1. 材料

花粉。

2. 仪器与用具

显微镜;载玻片;镊子;盖玻片;恒温箱。

3. 试剂

0.5%TTC 溶液(见种子生活力的快速测定中 TTC 法溶液配制)。

【方法与步骤】

(1)取少数花粉于载玻片上,加 1~2 滴 TTC 溶液,盖上盖玻片。

(2)将制片于 35℃恒温箱中放置 15 min,然后置于低倍显微镜下观察。凡被染为红色的活力强,淡红的次之,无色者为没有活力的花粉或不育花粉。

(3)每一植物制 2~3 个制片,每片取 5 个视野,统计 100 粒,然后计算花粉的活力百分率。

【注意事项】

花粉需完全浸没于药液中。

【参考文献】

[1]张雄．用 TTC 法(红四氮唑)测定小麦根和花粉的活力及其应用[J].植物生理学通讯，1982(3)：48-50.

[2]张俊,张恒弼,王玉新,等．花粉活力作用的测定[J].药学情报通讯,1988,8(6):32.

二、碘-碘化钾染色法

【原理】

多数植物正常花粉呈规则形状,如圆球形或椭球形、多面体等,并积累淀粉较多,通常 I_2-KI 可将其染成蓝色。发育不良的花粉常呈畸形,往往不含淀粉或积累淀粉较少,用 I_2-KI 染色,往往呈现黄褐色。因此,可用 I_2-KI 溶液染色法测定花粉活力。

【材料、仪器与试剂】

1. 材料

各种着生花芽的植物枝条,花芽要充分发育并已含苞待放。

2. 仪器及用具

显微镜;载玻片;镊子;盖玻片;恒温箱。

3. 试剂

I_2-KI 溶液:取 2 g KI 溶于 5~10 mL 蒸馏水中,然后加入 1 g I_2,待全部溶解后,再加蒸馏水定容至 200 mL。贮于棕色瓶中备用。

【方法与步骤】

(1)取充分成熟将要开花的花蕾,剥除花被片等,取出花药。

(2)取一花药置于载玻片上,加1滴蒸馏水,用镊子将花药充分捣碎,使花粉粒释放,再加1～2滴 I_2-KI溶液,盖上盖玻片,于低倍显微镜下观察。凡被染成蓝色的为含有淀粉活力较强的花粉粒,呈黄褐色的为发育不良的花粉粒。观察2～3张装片,每片取5个视野,统计花粉的染色率,以染色率表示花粉的育性。

【注意事项】

此法不能准确表示花粉的活力,也不适用于研究某一处理对花粉活力的影响。因为核期退化的花粉已有淀粉积累,遇 I_2-KI呈蓝色反应。另外,含有淀粉而被杀死的花粉粒遇 I_2-KI也呈蓝色。

【参考文献】

[1] 赵鸿杰,乔龙巴图,殷爱华,等.3种山茶属植物花粉活力测定方法的比较[J].中南林业科技大学学报,2010,3(30):105-107.

[2] 徐晏亭.花粉生活力的速测法[J].植物学杂志,1975(3):11.

三、过氧化物酶法

【原理】

具有生活力的花粉含有活跃的过氧化物酶,此酶能利用过氧化氢使各种多酚及芳香族胺氧化产生颜色,依据颜色可知花粉有无活性以及活性强弱。

【材料、仪器与用具】

1. 材料

花粉。

2. 仪器与用具

显微镜;载玻片;镊子;盖玻片。

3. 试剂

①0.5%联苯胺:将0.5 g联苯胺(有毒)溶于100 mL 50%乙醇中。

②0.5% α-萘酚:将0.5 g α-萘酚溶于100 mL 50%乙醇中。

③0.25% 碳酸钠:将0.25 g碳酸钠溶于100 mL蒸馏水中。

④0.3%过氧化氢:取1 mL 30%的 H_2O_2 加入到99 mL蒸馏水中。

⑤试剂Ⅰ:试验前将溶液1、2、3各10 mL混合均匀成试剂Ⅰ。

【方法与步骤】

(1)将少量花粉放在干洁载玻片上,然后加试剂Ⅰ和0.3%过氧化氢各1滴,搅匀,盖上盖玻片。30℃下经10 min后在低倍显微镜下观察,如花粉粒为红色,则表示有过氧化物酶存在，花粉有活力，能发芽；如无色或黄色，则表示已失去活力，不能发芽。

(2)观察2～3个装片，每片取5个视野，统计100粒，并计算其发芽率。

【参考文献】

[1] 张志良，瞿伟菁，李小芳．植物生理学实验指导[M].北京：高等教育出版社，2009.

[2] 赵宏波，陈发棣，房伟民．菊属植物花粉生活力检测方法的比较[J].浙江林学院学报，2006,23(4):406-409.

【实验后思考题】

1. 比较上述几种鉴定花粉生活力方法的异同点。

2. 上述方法是否适合于所有植物花粉活力的测定？

3. 哪种方法更能准确反映花粉的活力？

实验四　谷物种子萌发时淀粉酶活性的测定

淀粉酶是水解淀粉的酶类总称，植物中存在多种淀粉酶，其中起主要作用的是α-淀粉酶，其次是β-淀粉酶。小麦、水稻、玉米等禾谷类种子胚乳中的贮藏物质以淀粉为主，通常称为淀粉类种子，这类种子在萌发时，淀粉酶活性迅速升高，将淀粉水解成可溶的小分子碳水化合物供胚生长利用。因此，淀粉酶活性对谷物种子萌发至关重要。

【实验前思考题】

1. 植物淀粉酶在种子萌发过程中有什么作用？

2. 在种子萌发过程中种子内部发生哪些物质转化？

【原理】

α-淀粉酶可随机作用于淀粉中的α-1,4-糖苷键，生成葡萄糖、麦芽糖、麦芽三糖、糊精等还原糖。β-淀粉酶可从淀粉的非还原性末端进行水解，每次水解下1分子麦芽糖，因此又被称为糖化酶。两种淀粉酶的特性不同，α-淀粉酶不耐酸，在pH 3.6以下迅速钝化。β-淀粉酶不耐热，在70℃ 15 min钝化。根据这些特性，在测定活力时钝化其中之一，就可测出另一种淀粉酶的活力。本实验采用加热的方法钝化β-淀粉酶，测定α-淀粉酶的活力。在非钝化条件下测定淀粉酶总活力(α-淀粉酶活力＋β-淀粉酶活力)，再减去α-淀粉酶的活力，就可求出β-淀粉酶的活力。

淀粉酶催化产生的还原糖能使 3,5-二硝基水杨酸还原,生成棕红色的 3-氨基-5-硝基水杨酸,其反应如下:

COOH, OH, O_2N, NO_2 ＋还原糖 $\xrightarrow[\text{碱性}]{\text{加热}}$ COOH, OH, O_2N, NH_2 ＋糖酸

【材料、仪器与试剂】

1. 材料

萌发的小麦(芽长 1 cm 左右)。

2. 仪器及用具

分光光度计;离心机;恒温水浴(40℃,70℃,100℃);电子天平;具塞刻度试管;研钵;试管;移液管。

3. 试剂

①0.1 mol·L^{-1} pH 5.6 的柠檬酸缓冲液。

A 液:称取柠檬酸 21.01 g,溶解后稀释至 1 000 mL。

B 液(0.1 mol·L^{-1}柠檬酸钠):称取柠檬酸钠 29.41 g,溶解后稀释至 1 000 mL。

取 A 液 55 mL 与 B 液 145 mL 混匀,即为 0.1 mol·L^{-1} pH 5.6 的柠檬酸缓冲液。

②0.4 mol·L^{-1} NaOH 溶液。

③1%淀粉:称取 1.0 g 淀粉溶于 100 mL 0.1 mol·L^{-1} pH 5.6 的柠檬酸缓冲液中。

④3,5-二硝基水杨酸溶液:精确称取 3,5-二硝基水杨酸 1 g 溶于 20 mL 1 mol·L^{-1}氢氧化钠中,加入 50 mL 蒸馏水,再加入 30 g 酒石酸钾钠,待溶解后,用蒸馏水稀释至 100 mL,盖紧瓶塞,勿使二氧化碳进入。若溶液混浊可过滤后使用。

⑤麦芽糖标准液(1 mg·mL^{-1}):称取麦芽糖 0.10 g 溶于少量蒸馏水中,移入 100 mL 容量瓶中,用蒸馏水稀释至刻度。

【方法与步骤】

1. 酶液制备

称取萌发小麦种子 5 g,置于研钵中,加少许石英砂和少量蒸馏水,研磨成匀浆后,倒入 50 mL 容量瓶,用蒸馏水稀释至刻度。在室温下放置并每隔数分钟用玻璃棒搅动,20 min 后,将澄清液在 3 000 r·min^{-1}下离心 10 min,上清液即淀粉酶提取液,备用。

2. 制作麦芽糖标准曲线

取 7 支 25 mL 具塞刻度试管，编号，按表 8-1 加入试剂，摇匀，置于沸水浴中煮沸 5 min。取出后流水冷却，加蒸馏水定容至 25 mL。以 0 号管作为空白调零，在 520 nm 波长下比色测定。以麦芽糖含量为横坐标，吸光度值为纵坐标，绘制标准曲线或直线方程。

表 8-1　麦芽糖标准溶液配制及显色程序

试剂	管号						
	0	1	2	3	4	5	6
麦芽糖标准液(mL)	0	0.2	0.4	0.8	1.2	1.6	2
蒸馏水(mL)	2	1.8	1.6	1.2	0.8	0.4	0
麦芽糖含量(mg)	0	0.2	0.4	0.8	1.2	1.6	2.0
3,5-二硝基水杨酸(mL)	2	2	2	2	2	2	2

3. α-淀粉酶催化反应

取 4 支试管编号，2 支为测定管，2 支为对照管，α-淀粉酶催化反应系统组成和操作程序见表 8-2。

表 8-2　α-淀粉酶催化反应系统和操作程序

试剂及程序	管号				注
	1	2	3	4	
淀粉原酶(mL)	1	1	1	1	
在 70℃(±0.5℃)恒温水浴中加热 15 min，取出试管后用自来水冷却					β-淀粉酶受热而失活
柠檬酸缓冲液(mL)	1	1	1	1	
NaOH(mL)			4	4	终止酶的活性
40℃(±0.5℃)恒温水浴中保温 15 min					
40℃预热的 1%	2	2	2	2	反应底物
淀粉(mL)	混匀立即放入 40℃水浴中准确保温 5 min				
NaOH(mL)	4	4			终止酶的活性

4. 总淀粉酶总催化反应

吸取上述淀粉酶提取液 5 mL，放入 100 mL 容量瓶中，用蒸馏水定容至刻度，摇匀，即为淀粉酶稀释液(稀释程度视酶活性大小而定)。取试管 4 支编号，2 支为测定管，2 支为对照管，总淀粉酶催化反应系统组成和操作程序见表 8-3。

表 8-3 总淀粉酶催化反应系统和操作程序

试剂及程序	管号				注
	1	2	3	4	
淀粉酶稀释液(mL)	1	1	1	1	
柠檬酸缓冲液(mL)	1	1	1	1	
NaOH(mL)			4	4	终止酶的活性
40 ℃(±0.5 ℃)恒温水浴中保温 15 min					
40℃预热的 1%淀粉(mL)	2	2	2	2	反应底物
混匀立即放入 40 ℃水浴中准确保温 5 min					
NaOH(mL)	4	4			终止酶的活性

5. 酶反应体系中糖含量的测定

取以上各管中酶作用后的溶液及对照管中的溶液各 2.0 mL,分别加入 25 mL 具塞刻度试管中,再加入 2.0 mL 3,5-二硝基水杨酸试剂,混匀,置沸水浴煮沸 5 min,取出冷却,用蒸馏水稀释至 25 mL,混匀。在 520 nm 处测其吸光度,从标准曲线中查出麦芽糖含量。

【结果与计算】

$$\text{淀粉酶活性(麦芽糖 mg} \cdot \text{g}^{-1}\ \text{FW} \cdot \text{min}^{-1}) = \frac{(C-C')\times V_2\times V_4\times n}{V_1\times V_3\times W\times t}$$

式中:C 为淀粉酶活性测定液显色系统的麦芽糖量(mg);C' 为粉酶活性测定对照液显色系统的麦芽糖量(mg);V_1 为显色系统中酶反应液加入量(2 mL);V_2 为粉酶活性测定系统总体积(8 mL);V_3 为酶反应系统中酶提取液加入量(1 mL);V_4 为淀粉酶提取液总量(50 mL);W 为样品鲜重(g);t 为酶反应时间(5 min);n 为稀释倍数。

β-淀粉酶活性由总淀粉酶活性减去 α-淀粉酶活性得出。

【参考文献】

[1] 徐皓.谷物种子萌发时淀粉酶活性测定影响因素分析[J].种子,2010,3(29):13-15.

[2] 张志良,瞿伟菁.植物生理学实验指导[M].北京:高等教育出版社,2003.

【实验后思考题】

1. 萌发种子和干种子的 α-淀粉酶和 β-淀粉酶活力有何差异?这种差异在生物学上有什么意义?

2. α-淀粉酶和 β-淀粉酶性质和作用特点有何不同?

第九章　植物逆境生理

植物生活在一个不断变化的环境中，在植物的一生中，经常会遇到不利的环境因子，如寒冷、干旱、高温、盐碱等。随着现代工业的发展，又出现了大气、土壤和水质污染等灾害。此外，植物还经常遇到病虫侵染和杂草危害。这些不利的环境因子统称为逆境(stress)。对于农作物而言，逆境是限制产量提高和品质改善的重要因素。了解植物对逆境的生理反应及其忍耐或抵抗能力，采取有效措施提高植物的抗逆性，对于进一步发展农业生产，具有十分重要的意义。

植物在逆境条件下的生理变化或逆境伤害是多种多样的，近年来人们采用各种方法，从生化、生理、形态、生态等方面进行了广泛的研究，提出了一些有关植物抗性的鉴定方法和指标，其中一些已得到普遍承认和广泛应用。本章主要介绍植物抗逆性鉴定、游离脯氨酸含量测定、丙二醛含量、抗氧化物酶活性、过氧化物酶同工酶谱带的测定方法。

实验一　植物抗逆性鉴定

植物逆境伤害的原初部位是细胞膜系统。细胞膜对维持植物细胞的微环境和正常代谢起着重要作用。因此，可通过测定植物在逆境条件下细胞膜系统功能的变化或损伤来反映逆境对植物的伤害程度，从而对植物的抗逆性做出判断。本实验学习通过测定细胞电解质外渗率来鉴定植物抗逆性的方法。

【实验前思考题】

1. 细胞膜的结构与功能之间有什么关系？

2. 哪些因素会导致膜结构损伤和功能改变？

【原理】

细胞膜不仅是分隔细胞质和胞外环境的屏障，也是细胞与环境发生物质交换的通道和细胞感受环境变化刺激的部位。细胞膜的选择透性是其维持生理功能的最重要条件之一。各种逆境伤害都会造成质膜选择透性的改变或丧失，例如低温、冰冻、干旱脱水等导致的细胞膜机械损伤以及逆境和衰老过程中的膜脂过氧化作用，都可以增大细胞膜通透性。因此，细胞质膜透性的测定常作为植物抗性研究中一个重要生理指标。当质膜的选择透性因逆境伤害而明显改变或丧失时，细胞内的物质（尤其是电解质）大量外渗，从而引起组织浸泡液电导率发生变化，通过测定外渗液电导率的变化，就可反映出质膜的伤害程度。细胞膜透性增大的程度不仅与胁迫强度有关，还与植物抗逆性的强弱有关。比较不同作物或同一作物不同品种在相同胁迫条件下电解质外渗率，可以反映出作物间或品种间的抗逆性差异。Dexter (1930)首先用电导法测定了植物的抗冻性，经过不断地改进和完善，目前已得到广泛应用，外渗电导法已成为作物栽培、育种上鉴定抗逆性强弱的常用方法。

【材料、仪器与试剂】

1. 材料

植物叶片。

2. 仪器与用具

电导率仪(DDS-11A 型)；天平；小烧杯；50 mL 具塞三角瓶；20 mL 具塞试管；烘箱；真空泵(可用注射器代替)；恒温水浴锅。

3. 试剂

去离子水；NaCl 溶液。

【方法与步骤】

(1)选取小麦或其他植物叶龄、叶位、长势一致的叶片若干，剪下后，先用纱布拭净，分成两份。将一份样品放入小烧杯中置于 50℃恒温箱内处理 0.5～1 h，另一份用湿润的纱布包好置于室温条件下，为对照。

(2)将处理后的样品分别用去离子水冲洗两次，并用洁净滤纸吸干。然后剪成长约 1 cm 小段(较大的叶片可用直径为 6～10 mm 的打孔器避开主脉打取叶圆片)，每份样品取 20 段(片)放入试管或三角瓶中，并用玻璃片或干净尼龙网压住，在杯中准确加入蒸馏水 20 mL，浸没叶片。

(3)将试管或三角瓶放入真空泵中，抽气 7～8 min 以排出细胞间隙中的空气。然后缓缓放入空气，水即被压入组织中而使叶片下沉。

(4)将抽过气的试管或三角瓶取出，静置 20 min，然后用玻璃棒轻轻搅动叶片，在 20～25℃恒温下，用电导率仪测定溶液的电导率。

(5)DDS-11A 型电导率仪的使用方法

①未打开电源开关之前，电表指针应指零；否则，应调整表头螺丝使指针指零。

②打开电源开关，指示灯即亮，预热至指针稳定为止。

③把开关拨至“校正”挡，调节“调正”旋钮使指针停在最大刻度。

④当被测物的电导率低于 300 $\mu S \cdot cm^{-1}$时，将开关拨向“低周”；当被测物的电导率为 300～10^3 $\mu S \cdot cm^{-1}$时，将开关拨向“高周”。

⑤将量程开关打到所需范围。若初测不知测量范围大小，应先将量程开关打到最大位置，然后逐格下降，以防过载，否则指针迅速摆动时易被打弯。

⑥将电极插入电极插口内，旋紧插口上的紧固螺丝，同时把电极常数调节器调节在与之配用的电极常数相应的位置上（测量范围在 10～10^4 $\mu S \cdot cm^{-1}$时，使用 DJS-I 型铂黑电极；当被测物的电导率大于 10^4 $\mu S \cdot cm^{-1}$时，则应选用 DJS-10 型铂黑电极，这时应调节在与之所配用电极常数 1/10 的位置上，例如，电极常数为 9.8，则应调节在 0.98 位置上，但要将测得的读数乘以 10，即为被测液的电导率）。

⑦将电极完全浸入待测液中，把开关打到“测量”挡，从电表读数乘以量程开关所指的倍数（量程开关指红色时，读表中的红色数字；指黑色时则读黑色数字），即为被测溶液的电导率。

⑧每测完一个样品，必须用蒸馏水后用滤纸吸干水珠，再测另一个样品。

(6)然后将试管或三角瓶置于沸水浴中 15 min，以杀死植物组织，最后用自来水冷却 10 min，在 20～25℃恒温下测定其煮沸电导率。

如需定量测定电导率变化，可用纯 NaCl 配成 0 $\mu g \cdot mL^{-1}$、10 $\mu g \cdot mL^{-1}$、20 $\mu g \cdot mL^{-1}$、40 $\mu g \cdot mL^{-1}$、60 $\mu g \cdot mL^{-1}$、80 $\mu g \cdot mL^{-1}$、100 $\mu g \cdot mL^{-1}$的标准液，在 20～25℃恒温下用电导仪测定，以电导率值为纵坐标，NaCl 含量为横坐标绘制标准曲线。利用样品的电导率，在标准曲线上查出相当于 NaCl 的浓度。

【结果与计算】

以相对电导率表示植物在逆境下的伤害程度或抗性的强弱。相对电导率可以用下列两种方式计算：

$$1.\ 相对电导率=\frac{处理电导率-对照电导率}{煮沸电导率-对照电导率}\times 100\%$$

$$2.\ 相对电导率=\frac{处理电导率}{煮沸电导率}\times 100\%$$

【注意事项】

1. 整个过程中，叶片接触的用具必须绝对洁净，也不要用手直接接触叶片，以免污染。

2. 各处理和对照的待测液体积要一致。

3. 测定后电极要清洗干净。

4. 如果用蒸馏水代替去离子水,需要在浸泡样品前测定蒸馏水的电导率作为空白值,将各样品的测定值减去空白值进行计算。

【参考文献】

[1] 朱根海,刘祖祺,朱培仁.应用 Logistic 方程确定植物组织低温半致死温度的研究[J].南京农学院学报,1986(3):11-216.

[2] 李合生.植物生理生化实验原理和技术[M].北京:高等教育出版社,2006.

【实验后思考题】

1. 植物抗逆性与细胞膜透性有何关系?

2. 在真空泵中抽气后如果有部分叶片没有沉到底部,对实验结果有何影响?

实验二 植物组织中游离脯氨酸含量的测定

大量研究表明,冰冻、高温、低温、干旱、盐渍或病原菌侵染等各种逆境条件,都会导致植物脱水。在一定范围内,某些植物可以通过自身细胞的渗透调节作用抵御这种脱水效应,即细胞通过主动积累溶质降低渗透势来维持细胞压力势的稳定,进而保持细胞膜结构的完整。脯氨酸是植物细胞中重要和有效的有机渗透调节物质,几乎所有的逆境都会引起植物体内脯氨酸的积累,尤其是在干旱胁迫条件下,脯氨酸的含量可以达到正常条件下的十几倍甚至上百倍。脯氨酸不仅可以作为植物水分状况的参考指标,也是衡量植物抗逆性强弱的指标之一。

【实验前思考题】

1. 植物的渗透调节物质有哪些?植物是如何积累渗调物质的?

2. 游离脯氨酸对细胞有哪些保护作用?

【原理】

用乙醇研磨提取植物样品,在提取液中加入人造沸石,在 pH 1~7 范围内进行振荡,以除去某些氨基酸(如甘氨酸、谷氨酸、天冬氨酸、丙氨酸、缬氨酸、胱氨酸、苯丙氨酸、精氨酸等)的干扰或使之不与茚三酮反应,使脯氨酸与茚三酮试剂在酸性条件下呈专一性的显色反应,其颜色深浅与含量呈正相关,可用分光光度计进行定量测定。

【材料、仪器与试剂】

1. 材料与处理

植物叶片,植株在取样前干旱处理数天。

2. 仪器及用具

分光光度计；水浴锅；移液管；容量瓶；离心机；烧杯；研钵；试管；恒温水浴。

3. 试剂

(1)80%乙醇；人造沸石；活性炭；冰醋酸。

(2)茚三酮试剂：准确称取 2.5 g 茚三酮于 60 mL 冰醋酸和 40 mL 6 mol·L^{-1}磷酸中，加热(70℃)溶解。试剂在 24 h 内可保持稳定。

(3)脯氨酸标准溶液：准确称取 25 mg 脯氨酸溶于少量 80%乙醇中，再用蒸馏水定容至 250 mL，其浓度为 100 μg·mL^{-1}，取 10 mL 稀释到 100 mL，得到浓度为 10 μg·mL^{-1}的脯氨酸标准溶液。

【方法与步骤】

1. 游离脯氨酸的提取

称取经过干旱处理和正常浇水植株的功能叶片各 2 g，分别用 3 mL 80%乙醇研磨(放少许石英砂)成匀浆。将匀浆转入刻度试管，再用 80%乙醇冲洗研钵，冲洗液转入试管中，用 80%乙醇定容至 10 mL。加盖置于黑暗中室温下提取 24 h，或 80℃恒温水浴中提取 20 min。

将提取液用放有活性炭的滤纸进行过滤，重复过滤一次，除去色素和残渣。将滤液置于试管中，加其重量 1/5 的人造沸石强烈振荡 5 min。将上层液在离心机上离心 10 min，上清液备用。

2. 制作标准曲线

7 支具塞刻度试管，按表 9-1 配制脯氨酸系列标准溶液。混匀后，加玻璃球塞，沸水浴中加热 15 min，冷却，用 0 号管调零，在 515 nm 处分别测定 1～6 号管的吸光度。以脯氨酸含量为横坐标，吸光度为纵坐标，绘制标准曲线或求出直线方程。

表 9-1 脯氨酸系列标准溶液的配制

试剂	管号						
	0	1	2	3	4	5	6
10 μg·mL^{-1}脯氨(mL)	0	0.2	0.4	0.8	1.2	1.6	2
蒸馏水(mL)	2	1.8	1.6	1.2	0.8	0.4	0
每管脯氨酸含量(mg)	0	2	4	8	12	16	20
冰醋酸(mL)	2	2	2	2	2	2	2
茚三酮试剂(mL)	2	2	2	2	2	2	2

3. 提取液中游离脯氨酸含量的测定

取 2 mL 提取上清液置于具塞刻度试管中，再加入 2 mL 冰醋酸和 2 mL 茚三酮试剂，加盖密封，在沸水浴上加热 15 min。冷却后测定各样品在 515 nm 处的吸光度，从标准曲线中查得或利用直线方程计算出的脯氨酸含量，代入公式，得出样品中的脯氨酸含量。

【结果与计算】

$$\text{脯氨酸含量}(\mu g \cdot g^{-1})=\frac{C\times V/a}{W}$$

式中：C 为由标准曲线上查得的脯氨酸含量（μg）；V 为提取液总体积（mL）；a 为测定系统中提取液的加入量（mL）；W 为样品鲜重（g）。

【参考文献】

刘祖祺，张石城.植物抗性生理学[M].北京：中国农业出版社，1995.

【实验后思考题】

1. 氨基酸与酸性茚三酮反应呈什么颜色？脯氨酸与酸性茚三酮反应呈什么颜色？

2. 游离脯氨酸测定过程中哪些环节易产生误差？如何避免？

实验三　植物组织丙二醛含量测定

在衰老或逆境条件下，生物膜中的不饱和脂肪酸与自由基发生过氧化反应，使膜中不饱和脂肪酸含量降低，导致膜流动性下降，透性增大，使膜的正常功能遭到破坏。膜脂过氧化分解的终产物之一是丙二醛（MDA），其数量不仅反映膜脂的过氧化程度，而且其在植物体内积累还会对膜和细胞造成进一步的伤害，所以植物组织中 MDA 的含量可以反映植物衰老和遭受逆境伤害的程度。

【实验前思考题】

1. 膜脂过氧化作用所导致细胞的伤害主要表现在哪些方面？

2. 丙二醛（MDA）积累对细胞有哪些伤害？

【原理】

MDA 在酸性和高温条件下，可以与硫代巴比妥酸（TBA）反应生成红棕色的三甲基复合物（3，5，5-三甲基噁唑 2，4-二酮），该物质的最大吸收波长为 532 nm，利用分光光度计测定吸光度，可计算出 MDA 含量。

【材料、仪器与试剂】

1. 材料与处理

受干旱、高温、低温等逆境胁迫的植物叶片或衰老的植物器官。

2. 仪器与用具

研钵；剪刀；水浴锅；25 mL 具塞试管；离心机；电子天平；紫外可见分光光度计。

3. 试剂

①10％三氯乙酸。

②0.6％硫代巴比妥酸：先用少量的氢氧化钠（$1\ mmol \cdot L^{-1}$）溶解，再用10％的三氯乙酸定容。

【方法与步骤】

1. MDA 提取

称取植物叶片 0.3 g，置于研钵中，加入少许石英砂和 2 mL 10％三氯乙酸，研磨成匀浆，再加 3 mL 10％三氯乙酸进一步研磨，匀浆在 4 000 *g* 下离心 10 min。上清液为 MDA 提取液。

2. MDA 含量测定

在试管中加入 2 mL MDA 提取液，另取一支试管加 2 mL 10％三氯乙酸作为对照，再分别加入 2 mL 0.6％硫代巴比妥酸溶液，摇匀，在沸水浴上反应 15 min（从试管内溶液中出现小气泡时开始计时）后，立即将试管取出并放入冷水中冷却。然后 4 000 *g* 离心 10 min，取上清液测定 532 nm、600 nm 处的吸光度，以蒸馏水调零。

【结果与计算】

$$\text{MDA 含量}(nmol \cdot g^{-1})=\frac{(A_{532}-A_{600})\times A\times\dfrac{V}{a}}{1.55\times10^{-1}\times W}$$

式中：A_{532}为样品在波长 532 nm 下的吸光度；A_{600}为样品在波长 600 nm 下的吸光度；A 为反应液总量（4 mL）；V 为提取液总量（5 mL）；a 为显色反应系统中提取液的加入量（2 mL）；W 为植物组织鲜重（g）；1.55×10^{-1}为丙二醛微摩尔消光系数。

【参考文献】

[1] 王爱国，邵从本，罗广华.丙二醛作为植物脂质过氧化指标的探讨.植物生理学通讯，1986(2)：55.

[2] 许长成，邹琦，程炳嵩.硫代巴比妥酸（TBA）法检测脂质过氧化水平的探讨.植物生理学通讯，1989(6)：58.

[3] 许长成，赵世杰，邹琦.植物组织内丙二醛的分离与鉴定.植物生理学通讯，1992，28(1)：288.

【实验后思考题】

1. 正常植物组织与衰老或受环境胁迫的组织的 MDA 含量是否相同？为什么？

2. MDA 含量测定过程中哪些环节易产生误差？如何避免？

实验四　植物抗氧化酶活性测定

植物抗氧化酶包括超氧化物歧化酶(superoxidedismutase，SOD)、过氧化氢酶(catalase，CAT)、过氧化物酶(peroxidase，POD)等。它们普遍存在于植物的各种组织中，可以通过催化植物体内的活性氧，防止发生过氧化反应。所以抗氧化酶活性与植物的代谢强度及逆境适应能力有密切的关系，经常被用来衡量植物的抗性强弱和衰老程度。

一、超氧化物歧化酶活性测定

超氧化物歧化酶普遍存在于一切好气生物中，主要有 Cu/Zn-SOD、Mn-SOD、Fe-SOD 和 Ni-SOD 4 种类型，它可以催化超氧阴离子自由基($O_2^{\cdot -}$)转变为 O_2 和 H_2O_2，H_2O_2 可被过氧化氢酶和过氧化物酶进一步分解或转化。因此，SOD 活性增加可有效保护生物体免受活性氧的伤害，稳定生物膜结构。研究表明，SOD 活性的变化与植物的抗逆反应及衰老进程有密切关系，几乎所有的环境胁迫都可诱导其活性增加，所以该酶已成为植物衰老生理和逆境生理研究的重要对象。

【实验前思考题】

1. 在衰老过程中和环境胁迫下 SOD 活性是如何变化的？这种变化有什么生理意义？

2. SOD 主要分布在植物细胞的什么部位？

【原理】

SOD 可催化下列反应：

$$O_2^{\cdot -}+O_2^{\cdot -}+2H^+\xrightarrow{SOD}H_2O_2+O_2$$

SOD 活性可用被清除的 $O_2^{\cdot -}$ 数量来表示。核黄素在光下氧化产生超氧阴离子，后者可将氮蓝四唑(NBT)还原为蓝色的甲腙(formazan)，其在 560 nm 处有最大吸光度，而SOD可清除超氧阴离子，从而抑制了甲腙的形成。所以，反应液蓝色越深，说明酶活性越低，反之酶活性越高。

光
核黄素
氧化物
$2O_2$
$2O_2^-$
蓝色甲腙
NBT
SOD
$O_2+H_2O_2$

一个酶活性单位被定义为反应体系NBT的光化还原率为对照的50%时所用的酶液量。

【材料、仪器与试剂】

1. 材料

水稻或小麦叶片。

2. 仪器与用具

高速冷冻台式离心机；分光光度计；微量进样器；光照培养箱；微烧杯。

3. 试剂

①50 mmol·L^{-1} pH 7.8 磷酸缓冲液

甲液：$NaHPO_4$ 8.9 g 定容于1 000 mL蒸馏水中；乙液：取KH_2PO_4 6.8 g 定容于1 000 mL蒸馏水中；取甲液9 mL与乙液1 mL混合。

②260 mmol·L^{-1}甲硫氨酸(Met)溶液

称取1.939 9 g Met用磷酸缓冲液定容至100 mL。

③750 μmol·L^{-1}氮蓝四唑(NBT)溶液

称取61.33 mg NBT用磷酸缓冲液定容至100 mL，现配现用，避光保存。

④100 μmol·L^{-1} EDTA-Na_2 溶液

取37.21 mg EDTA-Na_2用磷酸缓冲液定容至1 000 mL。

⑤20 μmol·L^{-1}核黄素溶液

取75.3 mg核黄素定容至1 000 mL，避光保存。

【方法与步骤】

1. 酶液提取

取植物叶片（去叶脉）0.5 g于预冷的研钵中，加1 mL磷酸缓冲液在冰浴下研磨成匀浆，倒入10 mL刻度试管中，加缓冲液定容为5 mL。取2 mL于离心管10 500 *g* 离心20 min，上清液即为SOD粗提液。

2. 酶活性的测定

每个样品取 8 个洁净干燥的微烧杯(透明度好)编号,按表 9-2 加入各试剂,反应系统总体积为 3 mL。其中 4～8 号管中磷酸缓冲液和酶液的加入量依样品中的酶活性进行调整,如果酶活性强,可适当减少酶液用量。试剂全部加入后混匀,将 1 号杯置于暗处,其余各杯均于 25℃、4 000 lx 日光灯下反应 20 min,各管受光情况要一致。温度高时,时间缩短;温度低时,时间延长,然后立即遮光停止反应。

表 9-2 反应系统中各试剂用量

杯号	试剂					
	$260\ mmol \cdot L^{-1}$ Met 溶液 (mL)	$750\ \mu mol \cdot L^{-1}$ NBT 溶液 (mL)	$100\ \mu mol \cdot L^{-1}$ EDTA-Na_2 溶液(mL)	$20\ \mu mol \cdot L^{-1}$ 核黄素溶液 (mL)	酶液 (μL)	蒸馏水 (mL)
1	0.3	0.3	0.3	0.3	0	1.8
2	0.3	0.3	0.3	0.3	0	1.8
3	0.3	0.3	0.3	0.3	0	1.8
4	0.3	0.3	0.3	0.3	5	1.795
5	0.3	0.3	0.3	0.3	10	1.79
6	0.3	0.3	0.3	0.3	15	1.785
7	0.3	0.3	0.3	0.3	20	1.78
8	0.3	0.3	0.3	0.3	25	1.775

在 560 nm 下,以 1 号杯调零,测定其余各杯反应体系的吸光度。以 2、3 号杯吸光度的平均值作为还原率的 100%,分别计算不同酶液量抑制 NBT 光还原的相对百分率。以酶液用量(μL)为横坐标,以 NBT 光化还原的抑制率(%)为纵坐标绘制二者相关曲线,NBT 光化还原被抑制 50%的酶液量为一个酶活单位。

$$\text{NBT 光化还原的抑制率} = 1 - \frac{A_1 - A_2}{A_1} \times 100\%$$

式中:A_1 为对照杯在 560 nm 的吸光度;A_2 为加酶杯在 560 nm 的吸光度。

【结果与计算】

$$\text{SOD}(U \cdot g^{-1} \cdot h^{-1}) = \frac{V \times 1\ 000 \times 60}{B \times W \times t}$$

式中:V 为酶提取液总量(mL);B 为一个酶活单位的酶液量(μL);W 为样品鲜重(g);t 为反应时间(min)。

【参考文献】

[1] 王爱国，罗广华，邵从本，等.大豆种子超氧化物歧化酶的研究[J].植物生理学报，1983，9(1)：77-83.

[2] 韩雅珊.食品化学实验指导[M].北京：中国农业大学出版社，1994：148-150.

【实验后思考题】

1. 根据实验原理，提取液中的哪些物质可能会影响 SOD 活性测定的准确性？

2. 如何确定反应体系中酶液的加入量？

二、过氧化氢酶活性的测定

植物在逆境条件下或衰老时，由于体内活性氧代谢加强而使 H_2O_2 累积。H_2O_2 可以直接或间接地氧化细胞内核酸、蛋白质等生物大分子，并使细胞膜遭受损害，从而加速细胞的衰老和解体。过氧化氢酶可以清除 H_2O_2，是植物体内酶促防御系统的重要组分之一。

【实验前思考题】

1. CAT 催化的底物和反应得到的产物是什么？其反应有何生理意义？

2. 植物体内的 H_2O_2 除作为活性氧引起细胞损伤外还有何生理作用？

【原理】

在反应系统中加入一定量的 H_2O_2 和 CAT 提取液，经一段时间的酶促反应后，系统中剩余的 H_2O_2 数量，用标准高锰酸钾溶液在酸性条件下滴定。根据加酶系统和空白系统的滴定值之差，即可求出酶分解的过氧化氢量。

【材料、仪器与试剂】

1. 材料

小麦或其他植物叶片。

2. 仪器与用具

电子天平；研钵；100 mL 三角瓶；100 mL 容量瓶；50 mL 酸式滴定管；滴定铁架台；恒温水浴；漏斗 1 个；滤纸适量；移液管。

3. 试剂

①10％H_2SO_4。

②0.2 mol·L^{-1} pH 7.8 磷酸缓冲液。

③0.1 mol·L^{-1}高锰酸钾标准液：取 $KMnO_4$(AR)3.160 5 g，用新煮沸冷却的蒸馏水配制成 1 000 mL，再用 0.1 mol·L^{-1}草酸溶液标定。

④0.1 mol·L^{-1} H_2O_2：取 30％H_2O_2 溶液 5.68 mL，稀释至 1 000 mL，用

$0.1\ mol \cdot L^{-1}$的标准 $KMnO_4$ 溶液进行标定。

⑤$0.1\ mol \cdot L^{-1}$草酸：称取优级纯 $H_2C_2O_4 \cdot 2H_2O$ 12.607 g，用蒸馏水溶解后，定容至1 000 mL。

【方法与步骤】

1. 酶液提取

取小麦叶片2.5 g加入pH 7.8的磷酸缓冲溶液少量，研磨成匀浆，转移至25 mL容量瓶中，再用缓冲液冲洗研钵，冲洗液转入容量瓶中，用缓冲液定容，4 000 *g* 离心15 min，上清液即为过氧化氢酶的粗提液。

2. 过氧化氢酶活性测定

取50 mL三角瓶4个编号，1、2号瓶为样品测定，3、4号瓶为对照。向1、2号瓶加入酶液2.5 mL，3、4号加酶液2.5 mL后立即加2.5 mL 10% H_2SO_4；各瓶再加入2.5 mL $0.1\ mol \cdot L^{-1}$ H_2O_2，同时计时，于30℃恒温水浴中保温10 min后，向1、2号瓶加入10% H_2SO_4 2.5 mL终止酶反应。用$0.1\ mol \cdot L^{-1}$ $KMnO_4$ 标准溶液滴定，至出现粉红色（在30 s内不消失）为终点。

【结果与计算】

$$CAT(H_2O_2\ mg \cdot g^{-1} \cdot min^{-1}) = \frac{(A-B) \times V \times 1.7}{W \times a \times t}$$

式中：A 为对照（1、2号瓶）滴定所用 $KMnO_4$ 量（mL）；B 为酶反应后（3、4号瓶）滴定所用 $KMnO_4$ 量（mL）；V 为提取酶液总量（mL）；W 为样品鲜重（g）；a 为反应系统加入的酶液量（mL）；t 为反应时间（min）；1.7为1 mL $0.1\ mol \cdot L^{-1}$ $KMnO_4$ 相当于1.7 mg H_2O_2。

【实验后思考题】

1. 在我们的实验中对照加酶液后立即加10% H_2SO_4，如果不这样做，我们还可以选择什么方法？二者在结果上有何差异？

2. 此实验对操作过程中的温度有什么要求？

【参考文献】

[1] 陈晓敏.测定切花中过氧化氢酶活性的3种常用方法的比较[J].热带农业科学，2002，22(5)：13-16.

[2] 李仕飞，刘世同，周建平，等. 分光光度法测定植物过氧化氢酶活性的研究[J].安徽农学通报，2007，13(2)：72-73.

三、过氧化物酶活性的测定

过氧化物酶通过催化酚类物质与 H_2O_2 反应生成醌类来清除植物体内的

H_2O_2。过氧化物酶还与生长素、NADH、NADPH 的氧化有关，在植物代谢中起着重要作用。

【实验前思考题】

1. POD 和 CAT 清除 H_2O_2 的反应有何不同？

2. 植物体内有哪些主要的过氧化物酶？

【原理】

愈创木酚(邻甲氧基苯酚)可作为过氧化物酶的底物，与 H_2O_2 反应生成茶褐色产物。该物质在 470 nm 处有最大吸收峰，故可利用分光光度计测定过氧化物酶的活性。

【材料、仪器与试剂】

1. 材料

马铃薯块茎或其他植物组织材料。

2. 仪器与用具

紫外分光光度计；离心机；研钵；5 mL 量筒；25 mL 容量瓶；微量进样器；秒表。

3. 试剂

①50 $mmoL \cdot L^{-1}$ pH 5.5 的磷酸缓冲液。

②50 $mmoL \cdot L^{-1}$ 愈创木酚溶液：称取 6.207 g 愈创木酚，用少许酒精溶解，然后定容至 1 000 mL。

③2% H_2O_2：取 30% H_2O_2 67 mL，加水至 1 000 mL。

【方法与步骤】

1. 酶液的提取

取 5.0 g 洗净去皮的马铃薯块茎，切碎置于研钵中，加适量的磷酸缓冲液研磨成匀浆，将匀浆全部转入离心管中，以 3 000 *g* 离心 10 min，上清液转入 25 mL 容量瓶。沉淀用 5 mL 磷酸缓冲液再提取两次，上清液并入容量瓶，定容至 25 mL，低温下保存备用。

2. 过氧化物酶活性测定

酶活性测定的反应体系包括：2.9 mL 50 $mmol \cdot L^{-1}$ 磷酸缓冲液，1 mL 2% H_2O_2，1 mL 50 $mmol \cdot L^{-1}$ 愈创木酚和 0.1 mL 酶液。取 2 支试管分别加入上述各溶液，1 支于沸水浴中 5 min 作为对照，另 1 支于 37℃水浴中保温 15 min。反应结束后立即利用分光光度计检测其在 470 nm 波长下的吸光度，测定 3～5 min 的吸光度变化。

【结果与计算】

以每分钟内 ΔA_{470} 变化 0.01 为 1 个过氧化物酶活性单位。

$$\text{过氧化物酶活性}(\mathrm{U\cdot g^{-1}\cdot min^{-1}})=\frac{\Delta A_{470}\times V}{W\times a\times 0.01\times t}$$

式中：ΔA_{470} 为反应时间内吸光度的变化；W 为材料鲜重(g)；V 为酶提取液总量(mL)；A 为反应系统中加入的酶液量(mL)；t 为反应时间(min)。

【实验后思考题】

1. 在此实验中 ΔA_{470} 反应时间如何掌握？
2. 使用愈创木酚溶液时要注意什么？为什么？

【参考文献】

[1] 黄永芬，汪清胤.番茄过氧化物酶和过氧化物酶同工酶的活性测定.哈尔滨师范大学学报：自然版，1989，55(1)：94-97.

[2] 朱展才.过氧化物酶活力测定.生物化学与生物物理学进展，1985(6)：80.

实验五 植物过氧化物酶同工酶谱带的鉴定

同工酶(isoenzyme)是指催化同一化学反应，但其酶蛋白本身的分子结构组成却有所不同的一组酶。研究表明，同工酶的表达与植物的遗传、生长发育、代谢变化及抗性反应等都具有一定关系。因此，鉴定同工酶谱变化对研究植物的基因型差异、植物的发育变化以及对环境的反应具有特殊的意义。

过氧化物酶具有多种同工酶，且变化丰富，其表达谱变化与体内许多生理生化过程有关。过氧化物酶同工酶谱带变化的鉴定广泛应用于植物基因型鉴定、抗病性鉴定和发育过程研究中。本实验学习采用聚丙烯酰胺凝胶(PAGE)垂直板电泳分离过氧化物酶同工酶的方法。

【实验前思考题】

1. 植物体内同工酶的存在有何生物学意义？
2. 过氧化物酶同工酶谱分析在实践上有何作用？

【原理】

聚丙烯酰胺凝胶由丙烯酰胺(Acr)和交联剂甲叉双丙烯酰胺(Bis)在催化剂作用下聚合而成，具有三维网状结构，其网孔大小可通过凝胶浓度和交联度进行调节。凝胶电泳兼有电荷效应和分子筛效应。被分离物质由于在所载电荷数量、分子大小和形状上存在差异，因此在电泳时会产生不同的泳动速度而使不同物质分离。利用特异性的颜色反应使待测酶着色，这样就可在凝胶中展现出酶谱。

过氧化物酶能够催化 H_2O_2 将联苯胺氧化成蓝色或棕褐色产物，因此，将经过电泳后的凝胶置于含有 H_2O_2 及联苯胺的溶液中，凝胶中出现的蓝色或棕褐色部位即为过氧化物酶同工酶所在的位置，多条有色带即构成过氧化物酶同工酶谱。用聚丙烯酰胺凝胶电泳(PAGE)鉴定同工酶，方法简便，灵敏度高，重现性强，测定结果便于观察、记录和保存。

【材料、仪器与试剂】

1. 材料

小麦幼苗。

2. 仪器与用具

电泳仪(直流稳压电源：电压 300～600 V、电流 50～100 mA；夹心式垂直板电泳槽)；细长头的滴管；10 μL 或 50 μL 微量注射器；直径 120 mm 培养皿；1 mL、5 mL、10 mL 移液管；25 mL、50 mL、100 mL 烧杯；高速离心机(10 000 r · min^{-1})；真空泵；真空干燥器；10 mL、500 mL 量筒；250 mL 烧杯；试管架、玻棒等。

3. 试剂

①2%琼脂：2 g 琼脂于 100 mL pH 8.3 电极缓冲液浸泡，用前加热熔化。

②分离胶缓冲液(pH 8.9 Tris-HCl 缓冲液)：1 mol · L^{-1} HCl 48 mL，Tris 36.8 g，TEMED 0.28 mL，用无离子水溶解后定容至 100 mL。

③浓缩胶缓冲液(pH 6.7 Tris-HCl 缓冲液)：1 mol · L^{-1} HCl 48 mL，Tris 5.98 g，TEMED 0.48 mL，用无离子水溶解后定容至 100 mL。

④分离胶贮液(Acr-Bis 贮液Ⅰ)：Acr 28 g，Bis 0.735 g，用无离子水溶解后定容至 100 mL，过滤除去不溶物。

⑤浓缩胶贮液(Acr-Bis 贮液Ⅱ)：Acr 1 g，Bis 2.5 g，无离子水溶解后定容至 100 mL。

⑥过硫酸铵(AP)溶液：0.14 g 过硫酸铵溶于 100 mL 无离子水中(当天配制)。

⑦核黄素溶液：核黄素 4.0 mg，无离子水溶解后定容至 100 mL。

⑧电极缓冲液(pH 8.3 Tris-甘氨酸缓冲液)：Tris 6 g，甘氨酸 28.8 g，溶于无离子水定容至 1 000 mL，用时稀释 10 倍。

⑨40%蔗糖溶液：蔗糖 40 g，溶于 100 mL 无离子水中。

⑩pH 4.7 乙酸缓冲液：乙酸钠 70.52 g，溶于 500 mL 蒸馏水中，再加 36 mL 冰乙酸，用蒸馏水定容至 1 000 mL。

⑪7%乙酸溶液:19.4 mL 36%乙酸稀释至 100 mL。

⑫样品提取液(pH 8.0Tris-HCl 缓冲液):Tris12.1 g,加无离子水 1 000 mL,以 HCl 调节 pH 至 8.0。

⑬0.5%溴酚蓝溶液:0.5 g 溴酚蓝溶于 100 mL 无离子水中。

⑭抗坏血酸-联苯胺染色液:抗坏血酸 70.4 mg 溶于 50 mL 水中,联苯胺贮液 20 mL(贮液配法:2 g 联苯胺溶于 18 mL 文火加热的冰乙酸中,再加水 72 mL),0.6% H_2O_2 20 mL,用前混合。

配好的贮液如有不溶物需要过滤,用棕色瓶盛装置冰箱内保存,可放 1～2 个月。

【方法与步骤】

1. 样品的制备

称取小麦幼苗茎部 1 g,放入研钵内,加 pH 8.0 提取液 1 mL,于冷水浴中研成匀浆,然后以 2 mL 提取液分数次洗入离心管,8 000 $r \cdot min^{-1}$ 离心 10 min。上清液为待测样品。

2. 样品的蛋白质含量测定

用 Folin-酚试剂法(Lowry 法)测定,见第六章实验四。

3. 垂直板电泳槽的安装和制胶

本实验采用 28%Acr-0.735% Bis 凝胶贮液。方法见【附录 3】。

4. 加样

根据蛋白质含量确定加样量,最大加样不得超过 100 $\mu g \cdot 100\ \mu L^{-1}$ 蛋白。为防止样品扩散,在样品上清液中加入等体积 40%蔗糖(内含少许溴酚蓝)。用微量注射器取 20 μL 上述混合液,通过缓冲液,小心地将样品加到凝胶凹形样品槽底部,待所有凹形样品槽内都加了样品,即可开始电泳。

5. 电泳

将直流稳压电泳仪的正极与下槽连接,负极与上槽连接(方向切勿接错),接通冷却水,打开电泳仪开关,开始时将电流调至 10 mA。待样品进入分离胶时,将电流调至 20～30 mA 。当蓝色染料迁移至距离橡胶框下缘 1 cm 时,将电流调回到零,关闭电源及冷却水。分别收集上、下贮槽电极缓冲液置于试剂瓶中,4℃贮存还可用 1～2 次。旋松固定螺丝,取出橡胶框,用不锈钢铲轻轻将一块玻璃板撬开移去,在胶板一端切除一角作为标记,将胶板移至大培养皿中染色。

6. 染色

加抗坏血酸-联苯胺染色液,使之淹没整个胶板,显色 20 min,即得到过氧化物酶同工酶的红褐色酶谱。倒掉染色液,加入 7%的乙酸溶液,于日光灯下观察记录酶谱，绘图或照相。

【结果与计算】

观察记录酶谱，并计算同工酶的相对迁移率。

【注意事项】

1. Acr 及 Bis 均为神经毒剂，对皮肤有刺激作用，配制应在通风橱中进行。

2. 为防止电泳后区带拖尾，样品中盐离子强度应尽量低，含盐量高的样品可用透析法或滤胶过滤法脱盐。

【参考文献】

[1] 高洪君，侯旭光，李丹．六种荞麦过氧化物酶同工酶研究初报[J].哲里木畜牧学院学报，1994，4(2)：53-56.

[2] 张以忠，陈庆富．荞麦属三叶期过氧化物酶同工酶研究[J].武汉植物学研究，2008，26(2)：213-217.

【实验后思考题】

1. 如何根据聚丙烯酰胺凝胶聚合的原理调节凝胶的孔径？

2. 为什么样品会在浓缩胶中被压缩成层？

3. 为什么要在样品中加含有少许溴酚蓝的 40%蔗糖溶液？

4. 上、下槽电极缓冲液电泳后，能否混合存放？为什么？

5. 根据实验过程的体会，总结如何做好聚丙烯酰胺垂直板电泳？哪些是关键步骤？

第十章　综合设计型实验

实验一　综合型实验

综合型实验的主要特征是实验内容的复合性、实验方法的多元性和知识运用的综合性。在一个实验项目中包含多个相关实验内容，涉及两种或两种以上的基本实验方法，需要运用所学课程或系列课程的知识综合来分析实验的结果，旨在培养学生对实验技术的综合应用能力，对知识的综合能力和对综合知识的应用能力。

植物生理学综合型实验的教学目的：①学会运用所学的植物生理学及相关学科的理论知识分析具体的生理问题；②学会利用有关理论知识分析解释所观察到的实验现象和测定的结果；③了解在具体实验中各种生理生化指标的含义和相互之间的关系；④学会综合运用多种实验技术和方法研究具体的生理问题。

综合型实验的教学要求：①每 2 位学生一组，分工明确，互相协作；②正式实验前 1 周，每组提交实验计划一份，主要包括实验原理、实验材料、所需仪器、试剂、实验流程、实验预期结果，经指导教师审阅批准后，方可开始实验；③实验完成后，每位学生必须独立撰写和提交实验报告。

一、植物对氮素缺乏的生理反应研究

(一)问题的提出

氮是植物需求很大的营养元素，在体内的含量占干物重的 1%～3%，是许多重要化合物的成分，如核酸(DNA、RNA)、蛋白质(包括酶)、磷脂、叶绿素、光敏素、维生素(B_1、B_2、B_6)、植物激素(IAA、CTK)、生物碱等；同时也是参与物质代谢和能量代谢的 ADP、ATP、CoA、CoQ、FAD、FMN、NAD^+、$NADP^+$、铁卟啉等物质的组分。氮肥充足时植物生理功能正常，枝多叶大，生长健壮，籽粒饱满；但供氮不足时，植物生理功能受到抑制，代谢失调，外观表现是较老叶片首先退绿变黄，严重

时脱落，植株矮小，产量低下。所以在农业生产中需要经常施用氮肥。本实验的目的是：①了解氮缺乏时植物的代谢变化及形态变化，学会利用有关理论知识分析解释所观察到的实验现象和测定的结果；②了解光合作用、物质转化和矿质营养之间的关系；③学会综合运用溶液培养、光合速率、叶绿体光还原活力、各种叶绿体色素含量、根系活力、氨基酸含量、蛋白质含量的测定等技术方法研究具体生理问题。

(二)材料与方法

1. 实验材料

精选高活力玉米种子，浸种 24 h。

2. 试剂的准备

缺氮培养液、完全培养液和其他测定生理指标所需试剂的配制，方法见相关实验。

3. 缺氮处理

①用搪瓷盘装入一定量的石英砂或洁净的河砂，将玉米浸泡 24 h 的种子均匀地排列在砂面上，再覆盖一层石英砂，保持湿润，然后放置在温暖处发芽。

②取 6 个 500 mL 塑料广口瓶，分成 2 组，分别装入配制的完全培养液及缺氮培养液 500 mL，贴上标签，写明日期。然后把各瓶用黑色蜡光纸或黑纸包起来(黑面向里)，或用报纸包 3 层，用纸壳或 0.3 mm 的橡胶垫做成瓶盖，并用打孔器在瓶盖中间打一圈孔，备用。

③选择第一片叶完全展开、生长一致的幼苗，去掉胚乳，并用棉花缠裹住根基部，小心地移植到各种缺氮培养液中。通过圆孔固定在瓶盖上，使整个根系浸入培养液中，装好后将培养瓶放在阳光充足、温度适宜(20～25℃)的地方，培养 3～4 周。以完全培养液为对照。移植时小心操作勿损伤根系。

在培养过程中，用精密 pH 试纸检查培养液的 pH，如高于 6，应用稀盐酸调整到 5～6。为了使根系氧气充足，每天定时向培养液中充气，或在盖与溶液间保留一定空隙，以利通气。培养液每隔 1 周需更换一次。

4. 生理指标测定

实验开始 1 周后，开始观察。注意记录缺乏氮素时所表现的症状和最先出现症状的部位。待幼苗表现出明显症状后，取一部分幼苗转移至完全培养液中，观察症状逐渐消失的情况，并记录结果。另一部分幼苗进行生理指标测定：①叶绿体色素含量；②光合速率；③硝酸还原酶活性；④根系活力；⑤氨基酸含量；⑥可溶性糖含量；⑦可溶性蛋白含量。

(三)实验结果计算

方法见各相关实验。

(四)撰写实验报告

见【附录 1】实验报告的写作要求。

二、植物对盐胁迫的生理反应的研究

(一)问题的提出

对植物产生不利效应的土壤中可溶性盐分过多,称为盐胁迫(salt stress),由此对植物产生的伤害称为盐害(salt injury)。含盐较多的土壤,根据所含盐分的主要种类分为碱土和盐土。对于大多数土壤,这两大类盐又常混合存在,故习惯上称为盐碱土(saline and alkaline soil)。此外,由于灌溉和化肥使用不当、工业污染加剧等原因,次生盐渍化土壤面积还在逐年扩大。盐胁迫引起一系列生理生化变化,包括吸收状况、细胞膜结构与功能、细胞器结构与活力、光合速率、呼吸速率、渗透调节物质积累、营养元素缺乏、活性氧积累、激素平衡变化等。在轻度盐胁迫下植物生长受到抑制,产量和品质下降,严重时植物死亡。本实验的目的:①了解盐胁迫对植物的生理效应;②学会利用有关理论知识分析解释生理生化指标测定的结果;③学会根据实验结果和所学的理论知识分析盐胁迫的伤害机理;④学会运用水势、渗透势、脯氨酸含量、根系活力、外渗电导率、可溶性糖含量、抗氧化酶活性(SOD、POD、CAT)、MDA 含量的测定方法研究具体的植物生理问题。

(二)材料与方法

1. 实验材料

精选高活力玉米种子,浸种 24 h。

2. 试剂的准备

配制完全培养液(其中含 200 mol・L^{-1} NaCl)。培养液和其他测定生理指标所需的试剂配制方法见相关实验。

3. 盐胁迫处理

①用搪瓷盘装入一定量的石英砂或洁净的河砂,将玉米浸泡 24 h 的种子均匀地排列在砂面上,再覆盖一层石英砂,保持湿润,然后放置在温暖处发芽。选择第一片叶完全展开、生长一致的幼苗为试验材料。

②取 6 个 500 mL 塑料广口瓶,分别装入配制的含盐完全培养液及完全培养液 500 mL,贴上标签,写明日期。其他步骤和要求与实验一相同。

4. 生理指标测定

实验开始后,观察萎蔫情况,若萎蔫经过一夜后清晨不能恢复,即可取样进行生理指标测定:①水势;②渗透势;③脯氨酸含量;④根系活力;⑤外渗电导率;⑥可溶性糖含量;⑦抗氧化酶活性(SOD、POD、CAT);⑧MDA 含量。

(三)实验结果计算

方法见各相关实验。

(四)撰写实验报告

见【附录 1】实验报告的写作要求。

三、种子萌发过程中的生理生化变化研究

(一)问题的提出

在种子萌发过程中物质代谢、呼吸途径、激素平衡都发生剧烈变化。这种变化又受萌发时的水分、氧气供应和温度的影响。本实验的目的:①了解种子萌发期间所发生的基本生理生化变化及生理意义;②了解种子萌发期间所发生的基本生理生化变化之间的关系;③学会将呼吸速率、淀粉酶活性、可溶性糖含量、氨基酸含量、可溶性蛋白含量、激素含量的测定方法综合运用于植物生理的具体问题研究上。

(二)材料与方法

1. 实验材料

精选高活力玉米种子。

2. 试剂的准备

测定生理指标所需的试剂配制方法见相关实验。

3. 种子的萌发

精选高活力玉米种子用1%次氯酸钠浸泡 10 min 消毒,用蒸馏水冲洗 3 遍,用蒸馏水浸泡 24 h,取 25 粒均匀摆于大培养皿中,加入适当的蒸馏水,置 25℃恒温培养箱中黑暗培养。重复 3 次。

4. 生理指标测定

在种子露白(胚根伸出 0.5 mm)时,分别取样进行生理生化指标的测定:①呼吸速率;②淀粉酶活性;③可溶性糖含量;④氨基酸含量;⑤可溶性蛋白含量;⑥激素含量。

(三)实验结果计算

方法见各相关实验。

(四)撰写实验报告

见【附录 1】实验报告的写作要求。

四、果蔬或种子品质分析

(一)问题的提出

果蔬或种子的品质与其所含有的营养物质、维生素和矿质元素的数量有关。

因此在生产上经常需要测定它们的含量。本实验的目的：①了解衡量果蔬或种子的品质指标的含义；②了解不同果蔬或种子的品质指标之间的相互关系；③学会将可溶性糖含量、氨基酸含量、赖氨酸含量、可溶性蛋白含量、V_C 含量、V_E 含量等方法综合运用于植物的品质分析上。

(二)材料与方法

1. 实验材料

作物种子、各种果实或蔬菜。

2. 试剂的准备

测定生理指标所需的试剂配制方法见相关实验。

3. 生理指标测定

①可溶性糖含量；②氨基酸含量；③赖氨酸含量；④可溶性蛋白含量；⑤V_C 含量；⑥V_E 含量。取样及测定方法见相关实验。

(三)实验结果计算

方法见各相关实验。

(四)撰写实验报告

见【附录1】实验报告的写作要求。

五、激素的生理效应研究

(一)问题的提出

植物的生长发育是由遗传程序严格控制的过程。植物从种子萌发、长出枝叶到开花结实的整个生长过程中，除需要营养物质外，还需要一类微量生理活性物质来调控植物体内的各种代谢过程即所谓生长物质，其分为两大类：一类是植物激素(plant hormones 或 phytohormones)，另一类是植物生长调节剂(plant growth regulators)。植物激素是一些在植物体内合成的，并经常从产生部位转移到作用部位，在低浓度下对生长发育起调节作用的有机物质。植物生长调节剂是指一些具有植物激素活性的人工合成的物质。这些物质在低浓度下就能产生明显的生理效应。植物生长调节剂在农业、林业、果树、蔬菜和花卉等方面得到广泛地应用，如在插枝生根、促进开花、增加结实、改善品质、贮藏保鲜、促进成熟、防止脱落、疏花疏果、诱导或打破休眠、性别分化、消除杂草等方面取得了可喜的成果。本实验的目的：①了解激素对植物的生理效应；②学会根据所学的理论知识解释激素的生理效应；③了解植物激素之间的相互作用关系。

(二)材料与方法

1. 实验材料

番茄种子。

2. 试剂的准备

配制 10 mg・L^{-1}GA 和 10 mg・L^{-1}ABA。其他测定生理指标所需的试剂配制方法见相关实验。

3. 幼苗培养

将番茄种子播于盛营养土的培养钵中在温暖光照处培养。待长出 3 片真叶后,用 10 mg・L^{-1}GA 和 10 mg・L^{-1}ABA 分别喷施整株叶面。

4. 生理指标测定

喷施激素后 5 d 取叶片和根系测定生理指标:①激素含量;②光合速率;③根系活力;④叶绿体色素含量;⑤呼吸速率。

(三)实验结果计算

方法见各相关实验。

(四)撰写实验报告

见【附录 1】实验报告的写作要求。

实验二　设计型实验

设计型实验是在给定明确目标的前提下,由学生独立完成资料搜集、实验选题、选材、实验设计、实验实施、数据处理、结果分析、讨论和结论等环节的实验,其目的是培养学生独立发现问题、分析问题、解决问题,独立设计实验、实施实验、分析实验结果、撰写研究报告的能力,同时也培养学生的科研兴趣、探索精神、科学思维、严谨的作风和刻苦钻研的精神。

设计型实验的教学要求:①每 3～5 位学生一组,明确分工,互相协作;②选题后在教师的指导下搜集资料、确定试材、设计实验,正式实验前 1 周,每组提交实验方案一份,经指导教师审阅批准后,开始实施实验;③实验完成后,每位学生必须独立撰写和提交实验报告。

一、程序

(1)选题:学生根据个人兴趣自己选择实验内容,小组成员自由组合。

(2)撰写实验方案

实验方案包括:实验目的及依据,实验方法及原理、实验材料、材料处理及实验设计、实验仪器设备及用具、实验流程、参考文献、预期结果、小组成员姓名、专业、学号及具体分工。

(3)修改实验方案。

(4)实验方案交教师审阅。

(5)教师和小组成员一起研讨并修改实验方案。

(6)办理仪器、设备、用具和试剂的借、领登记手续。

(7)实施实验，如实记录实验数据。

(8)在计划时间内完成实验，提交实验报告，也可撰写研究论文(具体格式见附录1)。

二、设计型实验参考项目

1. C_3、C_4 植物的光合特性的差异。

2. 植物抗旱的形态和生理基础。

3. 保护地弱光对植物光合作用的影响。

4. 不同贮藏条件对果实呼吸作用的影响。

5. 高赖氨酸玉米与普通玉米种子品质差异。

6. 种子萌发过程中激素含量的变化与物质代谢的关系。

7. 果实成熟过程中有机物含量的变化。

8. 2,4-D 对番茄果实生长发育的影响。

9. 枫叶秋天颜色变红过程中的生理生化变化。

10. 温度胁迫对植物膜系统的伤害。

11. 盐胁迫对植物生长的影响。

附 录

【附录 1】实验报告和研究论文的写作要求

一、实验报告的写作要求

以书面形式交流你的研究结果是所有科学探索的必要组成部分。除了书面交流外,常常还需要口头交流。实验报告与正式发表研究论文的写作形式略有不同。撰写实验报告是改善写作技巧,提高逻辑思维、分析思维和批判思维能力非常有效的方式。即使本课程的部分学生将来可能不从事科学研究工作,但是写作和思维技巧对任何行业都是重要的。一个好的实验报告应是简洁的、组织良好的、有逻辑的和完整的。

实验报告写作应该遵循下面的格式,包括 6 个部分。这与大部分用于发表的科研报告格式大致相同,只是略有变化。

1. 题目

题目要简洁、清楚、切中主题。题目占一行,位于中间。在题目下面写出实验者姓名、实验内容的名称、实验时间、同组同学姓名。同组同学可用一个报告题目。

2. 实验目的和意义

本部分解释为什么做这个研究。在这里必须清楚地提出一个问题和陈述你要证实的假设。通常从观察开始,发现问题,然后提出假设。例如,你发现户外有的植物叶片变黄,你想知道是否影响光合作用。你想用测定不同绿色叶片的叶绿素含量和光合速率的方法来检验你的想法。但是假设只是一种猜想,所以不要求实验结果必须支持你的假设。

3. 材料和方法

这部分解释你是如何解决你的问题的或检验你的假设的。这部分需要包括下面各项内容:实验所用的生物材料、仪器设备,实验条件介绍。如何以及在什么时候进行的实验观察,如何进行的实验处理,测定什么指标以及如何进行测定的,以什么作对照(a standard for comparison or the control)。在实验指导书中给出的实验程序可以直接引用,不必在实验报告中重复,但若有任何修改,则必须说明。

4. 结果

本部分叙述在研究中获得的数据,包括两个部分:数据和语言描述,但不是简单地重复数据。语言描述要吸引读者注意数据的意义。这个部分不需要对数据进行解释,那属于讨论部分的内容。数据既要用表格,又要用曲线图或柱形图整洁和清楚地给出。尽管在正式发表文章中,数据只需用图或表中的一种形式表示,但在实验报告中做这种练习是必要的,这能够使学生用两种形式评价实验的原始数据,这也有助于教师在评价报告时易于发现错误产生的原因。

表格采用三线表,作为一个完整的表格要有表头、项目名称和正确的单位,见附表 1-1。

附表 1-1 葡萄糖标准曲线反应系统中各试剂用量

试剂	管号						
	0	1	2	3	4	5	6
1 mg·mL^{-1}葡萄糖溶液(mL)	0	0.2	0.4	0.6	0.8	1.0	1.2
蒸馏水(mL)	2.0	1.8	1.6	1.4	1.2	1.0	0.8
3,5-二硝基水杨酸(mL)	1.5	1.5	1.5	1.5	1.5	1.5	1.5
每管葡萄糖含量(mg)	0	0.2	0.4	0.6	0.8	1.0	1.2

有的刊物和研究论文要求有表头和项目的英文翻译。

曲线图和柱形图的纵坐标和横坐标要求单位适当,并有文字说明。

将原始实验数据进行计算并给出,并不是研究的结束。在研究中往往需要对数据进行统计分析,在植物生理学研究中常需要进行显著性测验和计算标准差,见【附录 2】。

5. 讨论与结论

讨论是关于现在的研究与其他研究的关系,这里需要参考他人的工作。对有些实验报告中这一部分不是必需的。

结论是分析你的研究结果与假设的关系。你的结果是支持或否定你的假设?在科学上,真理是得到广泛支持的假设。你需要解释为什么你认为实验结果支持或否定你的假设。如果你的数据不支持你的假设,这不意味着实验的失败。诚实是科学的本质。

做出结论后,如果实验支持你的假设,请用你的实验结论和所知道的知识对你发现的问题进行解释。

最后提出在实验中发现的新问题,提出进一步的实验设想。科学是一个不断探索的过程,所以经常由一个实验引出另一个实验。

6. 参考文献

文中引用他人的方法、实验数据和观点时一定要注明参考文献,避免剽窃。参考文献包括书籍、网络、期刊等。不同期刊所要求的参考文献写作形式略有不同。对于期刊文章必须包括作者、文章题目、期刊名称、发表年代、卷号(期号)以及页码;书籍需要包括著者、书名、出版日期和出版社。网络文章需要包括作者姓名、文章名称以及网址。

例如:

1. McClendom J H, Blinks L R. Use of high molecular weight solutes in the study of isolated intracellular structure. Nature, 1952, 170: 577-578.

2. 李双顺,林植芳. 抗氧化剂和 6-BA 对根系胁迫的玉米叶片光合膜特性的影响. 植物学报,1994,36 (11): 871-877.

二、研究论文的写作要求

(1)题目

(2)学生姓名:××农业大学××学院、专业、年级、班级、学号。

(3)摘要:20~50 个字。

(4)关键词:2~3 个。

(5)引言:100 字左右。

(6)材料与方法。

(7)结果与分析。

(8)讨论与结论。

(9)参考文献。

【参考文献】

改编自 Jo Handelsman, Barbara Houser & Helaine Kriegel, 1997, *Biology Brought to Life: A Guide to Teaching Students to Think Like Scientists*. Copyright held by the authors. Published by Wm. C. Brown Publishers, Dubuque, Iowa.

【附录 2】常用生物统计公式

算术平均值 $\bar{y}=\frac{y_1+y_2+y_3+y_4+\cdots+y_n}{n}=\frac{\sum y}{n}$

样本离均差平方和 $SS=\sum(\bar{y}_i-y)^2$

总体离均差平方和 $SS=\sum(y_i-\mu)^2$

样本均方(样本方差) $s^2=\frac{\sum(y_i-\bar{y})^2}{n-1}$

总体均方(总体方差) $\sigma=\frac{\sum(y_i-\mu)^2}{N}$

样本标准差 $s=\sqrt{\frac{\sum(y_i-y)^2}{n-1}}$ 总体标准差 $\sigma=\sqrt{\frac{\sum(y_i-\mu)^2}{N}}$

注：s 为样本标差，y 为样本平均数，$(n-1)$ 为自由度或计为 $v=n-1$，σ 为总体标准差，μ 为总体平均数，N 为有限总体所包含的个体数。

【附录 3】垂直板电泳装置的安装和制胶

1. 安装夹心式垂直板电泳槽

如附图 3-1 所示，夹心式垂直板电泳槽两侧为有机玻璃制成的电极槽，两个电极槽中间夹有一个凝胶模，该模由 1 个 U 形橡胶框，长、短玻璃板及样品槽模板(梳子)所组成(附图 3-2)。电泳槽由上贮槽(白金电极在上或面对短玻璃板)，下贮槽(白金电极在下或面对长玻璃板)和回纹状冷凝管组成。两个电极槽与凝胶模间靠贮液槽螺丝固定。各部间依下列顺序组装：

①装上贮槽和固定螺丝销钉，仰放在桌面上。

②将长、短玻璃板分别插到 U 形橡胶框的凹形槽中。注意勿用手接触灌胶面的玻璃。

③将已插好玻璃板的凝胶模平放在上贮槽上，短玻璃板应面对上贮槽。

④将下贮槽的销孔对准已装好螺丝销钉的上贮槽，双手以对角线的方式旋紧

螺丝帽。

⑤竖直电泳槽，在长玻璃板下端与橡胶模框交界的缝隙内加入已融化的2%琼脂糖。其目的是封住空隙，凝固后的琼脂糖中应避免有气泡。

2. 制备凝胶板

聚丙烯酰胺凝胶(PAGE)有连续体系与不连续体系2种，其灌胶方式不完全相同，分别叙述如下。

(1)连续体系。从冰箱取出各种贮液，平衡至室温后，按分离胶缓冲液：分离胶贮液：无离子水：过硫酸铵＝1：2：1：4配制20 mL 7.0%凝胶。

前3种溶液混合在一小烧杯内，过硫酸铵单独置另一小烧杯，用真空泵抽气10 min。然后小心混合两杯溶液，立即用细长头的滴管将分离胶溶液加到凝胶模长、短玻璃板间的狭缝内，当加至距短玻璃板上缘约0.5 cm时，停止加胶，轻轻将样品槽模板插入。在上、下贮槽中倒入蒸馏水，液面不能超过上贮槽的短玻璃板，防止蒸馏水进入凝胶中。其作用是增加压力，防止凝胶液渗漏。凝胶液在混合后15 min开始聚合，经0.5～1 h，完成聚合作用。聚合后，在样品槽模板梳齿下缘与凝胶界面间有折射率不同的透明带。看到透明带后继续放置30 min。再用双手取出样品槽模板，取时动作要轻，用力均匀，以防弄破加样凹槽。凹槽中残留液体可用窄滤纸条轻轻吸去，切勿插进凝胶中，应保持加样槽凹面边缘平整。放掉上、下贮槽中的蒸馏水。在上、下两个电极槽倒入电极缓冲液，液面应淹过短玻璃板上缘约0.5 cm。也可以先加电极缓冲液，然后拔出样品槽模板。

分离胶预电泳：虽然凝胶90%以上聚合，但仍有一些残留物存在，特别是硫酸铵可引起某些样品(如酶)钝化，因此在正式电泳前，先用电泳的办法除去残留物，这称为预电泳。是否进行预电泳则取决于样品的性质。一般预电泳电流为10 mA，60 min左右即可。

(2)不连续体系。不连续体系采用不同孔径及pH的分离胶与浓缩胶，凝胶制备应分2步进行。

①分离胶制备：根据实验要求，选择最终丙烯酰胺的浓度，本实验需要20 mL pH 8.9的7.0% PAA溶液，其加胶方式不同于连续系统。混合后的凝胶溶液，用细长头的滴管加至长、短玻璃板间的窄缝内，加胶高度距样品模板梳齿下缘约1 cm。用1 mL注射器在凝胶表面沿短玻璃板边缘轻轻加一层重蒸水(3～4 mm)，用于隔绝空气，使胶面平整。为防止渗漏，在上、下贮槽中加入略低于胶面的蒸馏水。经30～60 min凝胶完全聚合，则可看到水与凝固的胶面有折射率不同的界限。用滤纸条吸去多余的水，但不要碰破胶面。如需预电泳，则将上、下贮槽的蒸馏水倒去，换上分离胶缓冲液，10 mA电流电泳1 h，终止电泳后，弃去分离胶

缓冲液,用注射器取浓缩胶缓冲液洗涤胶面数次,即可制备浓缩胶。

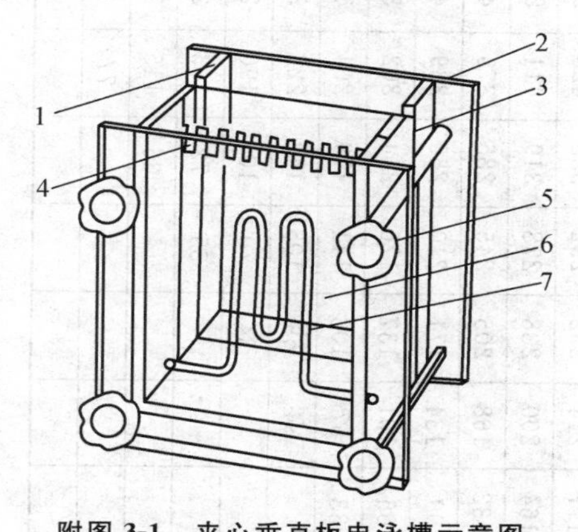

附图 3-1 夹心垂直板电泳槽示意图

1. 导线接头 2. 下贮槽 3. 凹形橡胶框
4. 样品槽 5. 固定螺丝 6. 上贮槽
7. 冷凝系统

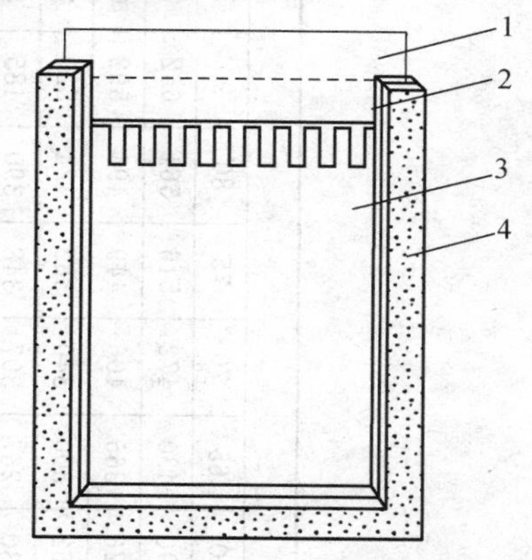

附图 3-2 凝胶模示意图

1. 样品槽模板 2. 长玻璃板
3. 短玻璃板 4. 凹形橡胶框

②浓缩胶制备:浓缩胶为 pH 6.7 2.5% PAA,浓缩胶缓冲液:浓缩胶贮液:40%蔗糖:核黄素=1:2:4:1,混合均匀后用细长头的滴管将凝胶溶液加到长、短玻璃板的窄缝内(即分离胶上方),距短玻璃板上缘 0.5 cm 处,轻轻加入样品槽模板。在上、下贮槽中加入蒸馏水,但不能超过短玻璃板上缘。在距离电极槽 10 cm 处,用日光灯或太阳光照射,进行光聚合,但不要造成大的升温。在正常情况下,照射 6~7 min,则凝胶由淡黄透明变成乳白色,表明聚合作用开始,继续光照 30 min ,使凝胶聚合完全。光聚合完成后放置 30~60 min,轻轻取出样品槽模板,用窄条滤纸吸去样品凹槽中多余的液体,加入稀释 10 倍 pH 8.3 的 Tris-甘氨酸电极缓冲液,使液面没过短玻璃板约 0.5 cm,即可加样。

3. 制备凝胶干板

1 cm 以上的胶板常用凝胶真空器制备干板。如无此仪器可将胶板浸泡在保存液中 3~4 h。制干板时在大培养皿上,平放一块干净玻璃板(13 cm×13 cm),倒少许保存液在玻璃板上,使其均匀涂开,取一张预先用蒸馏水浸透的玻璃纸平铺在玻璃板上,赶走气泡,小心取出凝胶板平铺在玻璃纸上,赶走两者间的气泡。再取另一张蒸馏水浸透的玻璃纸覆盖在凝胶板上,赶走气泡,将四边多余的玻璃纸紧紧贴于玻璃板的背面。平放于桌上自然干燥 1~2 d,完全干后除去玻璃板,即可得到平整、透明的干胶板,此干板可长期保存,便于定量扫描。

【附录 4】硫酸铵溶液饱和度计算表

附表 4 硫酸铵溶液饱和度计算表

初浓度	终浓度(%)																
(%)	10	20	25	30	33	35	40	45	50	55	60	65	70	75	80	90	100
0	56	114	144	176	196	209	243	277	313	351	390	430	472	516	561	662	767
10		57	86	118	137	150	183	216	251	288	326	365	406	449	494	592	694
20			29	59	78	91	123	155	189	225	262	300	340	382	424	520	619
25				30	49	61	93	125	158	193	230	267	307	348	390	485	583
30					19	30	62	94	127	162	198	235	273	314	356	449	546
33						12	43	74	107	142	177	214	252	292	333	426	522
35							31	63	94	129	164	200	238	278	319	411	506
40								31	63	97	132	168	205	245	285	375	469
45									32	65	99	134	171	210	250	339	431
50										33	66	101	137	176	214	302	392
55											33	67	103	141	179	264	353
60												34	69	105	143	227	314
65													34	70	107	190	275
70														35	72	153	237
75															36	115	198
80																77	157
90																	79

注:表内数值为每 1 升溶液加固体硫酸铵的克数。

【附录5】常用酸碱摩尔浓度的近似配制表

附表5 常用酸碱摩尔浓度的近似配制表

溶质	分子式	相对分子质量	浓度		重量（%）	比重	配置1 mol·L^{-1}溶液的加入量（mL·L^{-1}）
			mol·L^{-1}	g·L^{-1}			
冰乙酸	CH_3COOH	60.05	17.40	1 045	99.5	1.050	57.5
乙酸	CH_3COOH	60.05	6.27	376	36	1.045	159.5
甲酸	HCOOH	46.02	23.40	1 080	90	1.200	42.7
盐酸	HCl	36.5	11.60	424	36	1.180	86.2
			2.90	105	10	1.050	344.8
硝酸	HNO_3	63.02	15.99	1 008	71	1.420	62.5
			14.90	938	67	1.400	67.1
			13.30	837	61	1.370	75.2
高氯酸	$HClO_3$	100.5	11.65	1 172	70	1.670	85.8
			9.20	923	60	1.540	108.7
磷酸	H_3PO_4	80	18.10	1 445	85	1.700	55.2
硫酸	H_2SO_4	98.1	18.00	1 776	96	1.840	55.6
氢氧化铵	NH_4OH	35	14.80	251	28	0.898	67.6
氢氧化钾	KOH	56.1	13.50	757	50	1.520	74.1
			1.94	109	10	1.090	515.5
氢氧化钠	NaOH	40	19.10	763	50	1.530	52.4
			2.75	111	10	1.110	363.4

【附录 6】植物组织培养常用培养基

附表 6-1　植物组织培养常用培养基的矿质成分　　mg · L^{-1}

	矿质盐类	MS[a]	ER[b]	HE[c]	N_6[d]	改良 White[e]
大量元素	NH_4NO_3	1 650	1 200		463	
	KNO_3	1 900	1 900		2 830	80
	$CaCl_2 \cdot 2H_2O$	440	440	75	166	
	$MgSO_4 \cdot 7H_2O$	370	370	250	185	720
	KH_2PO_4	170	340		400	
	$Ca(NO_3)_2 \cdot 4H_2O$					300
	Na_2SO_4					200
	$NaNO_3$			600		
	$NaH_2PO_4 \cdot H_2O$			125		16.5
	KCl			750		65
微量元素	KI	0.83		0.01	0.8	0.75
	H_3BO_3	6.2	0.63	1.0	1.6	1.5
	$MnSO_4 \cdot 4H_2O$	22.3	2.23	0.1	4.4	7
	$ZnSO_4 \cdot 7H_2O$	10.6		1.0	1.5	3
	Zn(螯合的)		15			
	$Na_2MoO_4 \cdot 2H_2O$	0.25	0.025			
	$CuSO_4 \cdot 5H_2O$	0.025	0.002 5	0.03		0.001
	$CoCl_2 \cdot 6H_2O$	0.025	0.002 5			
	$AlCl_3$			0.03		
	$NiCl_2 \cdot 6H_2O$			0.03		
	$FeCl_3 \cdot 6H_2O$			1.0		
	Na_2EDTA	37.3	37.3		37.3	
	$FeSO_4 \cdot 7H_2O$	27.8	27.8		27.8	
	$Fe_2(SO_4)_3$					2.5

附表 6-2　常用培养基有机成分　　mg·L^{-1}

药剂	MS	ER	HE	N_6	改良 White
肌醇	100		100		100
烟酸	0.5	0.5		0.5	0.3
盐酸吡哆醇	0.5	0.5		0.5	0.1
盐酸硫胺素	0.4	0.5	1.0	1.0	0.1
甘氨酸	2.0	2.0		2.0	3
D-泛酸钙			2.5		
半胱氨酸			10		
尿素			200		
氯化胆碱			0.5		
吲哚乙酸	1～30			0.2	
萘乙酸		1.0			
激动素	0.04～10	0.02	0.25	1.0	
2,4-D			1.0	2.0	
蔗糖	30 000	40 000	20 000	50 000	20 000
琼脂	10 000			10 000	10 000
pH	5.8	5.8	5.8	5.8	5.6

注：a. MS(Murashige Skoog)培养基(1962 年)，原来是为培养烟草细胞设计的，目前应用较广泛。

b. ER(Eriksson)培养基(1965 年)，与 MS 培养基相似。

c. HE(Heller)培养基(1953 年)，在欧洲得到广泛使用。

d. N_6 培养基(1974 年)，是中国科学院植物研究所的科研人员自行设计的，适于禾谷类植物花药和花粉的培养。

e. 改良 White 培养基(1963 年)，在早期多采用，它是为培养离体根而设计的。